新世纪应用型高等教育
计算机类课程规划教材

C语言程序设计

C Language Programming

主　编　柏世兵　赵友贵

副主编　袁开友　彭　娟

　　　　陈小莉　张　捷

U0245181

大连理工大学出版社

图书在版编目(CIP)数据

C 语言程序设计 / 柏世兵,赵友贵主编. -- 大连：
大连理工大学出版社,2019.9(2024.7重印)
新世纪应用型高等教育计算机类课程规划教材
ISBN 978-7-5685-2154-3

Ⅰ. ①C… Ⅱ. ①柏… ②赵… Ⅲ. ①C 语言－程序设
计－高等学校－教材 Ⅳ. ①TP312.8

中国版本图书馆 CIP 数据核字(2019)第 155575 号

C YUYAN CHENGXU SHEJI
C 语言程序设计

大连理工大学出版社出版
地址：大连市软件园路 80 号 邮政编码：116023
发行：0411-84708842 邮购：0411-84708943 传真：0411-84701466
E-mail：dutp@dutp.cn URL：https://www.dutp.cn
大连朕鑫印刷物资有限公司印刷 大连理工大学出版社发行

幅面尺寸：185mm×260mm	印张：19.5	字数：448 千字
2019 年 9 月第 1 版		2024 年 7 月第 7 次印刷

责任编辑：王晓历 责任校对：李明轩
封面设计：对岸书影

ISBN 978-7-5685-2154-3 定 价：55.80 元

前 言

《C 语言程序设计》是新世纪应用型高等教育教材编审委员会组编的计算机类课程规划教材之一。

乔布斯说："每个人都应该学习编程，因为它教会你思考。"下一个时代是人机交互的时代，学习编程不是要成为程序员，而是要理解下一个时代。在当今信息化社会，程序设计语言的学习与了解是非常有必要的。

C 语言是国内外广泛使用的程序设计语言之一。它功能强大，既具有高级程序设计语言的特性，又具有面向硬件编程的低级程序设计语言的特性，还具有丰富灵活的控制和数据结构及通用性、可移植性等特点。因此 C 语言拥有大量的使用者，也被许多高校列为程序设计课程的首选语言。

本教材编者均是从事教学多年的一线教师，对学生学习 C 语言程序设计有深入的研究。因此编写教材的时候，以编程应用为驱动，重点通过案例分析、算法分析、程序编写与调试和大量的程序练习来培养、训练学生的程序思维，提升学生实际分析问题和解决问题的能力以及创新能力。

本教材中所有实例的程序均在 Microsoft Visual C++ 6.0 集成环境中调试通过。从 2018 年 3 月开始，全国计算机等级考试二级 C 语言开发环境改为 Microsoft Visual C++ 2010 学习版，教材中也对 Microsoft Visual C++ 2010 中程序编辑、编译、链接、运行、调试做了详细的介绍。因此，本教材既可作为高等院校教学用书，也可作为全国计算机等级考试的参考书，还可作为对 C 语言程序设计感兴趣的读者自学用书。

本教材由柏世兵、赵友贵任主编，由袁开友、彭娟、陈小莉、张捷副主编，马东梅、李海燕、严伟、徐浩等参与了编写。具体编写分工如下：柏世兵负责教材编写思路的拟定、框架设计、全书统稿和第 2 章、第 3 章的编写，赵友贵负责教学方法、教材案例、习题素材设计和第 4 章、第 5 章的编写，袁开友编写了第 7 章，彭娟编写了第 8 章，陈小莉编写了第 1 章、第 6

新世纪

章,张捷编写了第 9 章,马东梅、李海燕、严伟、徐浩参与了部分章节和习题的编写。

在编写本教材的过程中,编者参考、引用和改编了国内外出版物中的相关资料以及网络资源,在此表示深深的谢意! 相关著作权人看到本教材后,请与出版社联系,出版社将按照相关法律的规定支付稿酬。

限于水平,书中仍有疏漏和不妥之处,敬请专家和读者批评指正,以使教材日臻完善。

编 者

2019 年 9 月

所有意见和建议请发往:dutpbk@163.com

欢迎访问高教数字化服务平台:https://www.dutp.cn/hep/

联系电话:0411-84708445 84708462

目 录

第1章
程序设计与C语言

C语言是一种广受欢迎的计算机程序设计语言,它既可以编写应用软件,也可以编写系统软件。本章在简要介绍程序设计与算法的基础上,通过典型而简单的C语言实例,引入C程序设计的基本方法,使学习者了解C程序设计的基本概念。同时,本章也对C语言的特点、集成开发环境Visual C++ 6.0及其程序编辑、编译和调试方法进行了简单介绍。

1.1 程序与程序设计语言

1.1.1 程序

程序,广义地讲程序是解决一个实际问题的基本步骤。在计算机中,程序是指导计算机执行某个功能或功能组合的一组指令。每一条指令都让计算机执行一个具体的操作,一个程序所规定的操作全部执行完毕后,就能产生计算结果。

1.1.2 程序设计语言

程序设计语言是人与计算机交流的语言。人们为了让计算机按照自己的想法处理数据,必须使用程序设计语言表达所要处理的数据和数据处理的流程。因此,程序设计语言必须具有数据表达与数据处理(控制)的能力。

1.程序设计语言

从计算机诞生到现在,程序设计语言按其发展先后出现了机器语言、汇编语言和高级语言,其特点见表1-1。

表 1-1 　　　　　　　　　　　　　　三类语言的特点比较

程序设计语言	特点		备注
机器语言	机器指令(由0和1组成),计算机可直接执行	难学、难记、依赖计算机的类型	低级语言
汇编语言	用助记符代替机器指令,用变量代替各类地址	克服记忆的难点、依赖计算机的类型	
高级语言	类似数学语言,接近自然语言	具有通用性和可移植性,不依赖具体的计算机类型	

知识小贴士

现高级语言又经历了面向过程的程序设计语言和面向对象的程序设计语言。

面向过程的程序设计语言,即分析出解决问题所需要的步骤,然后用函数把这些步骤一步一步实现,使用的时候一个一个依次调用实现。

面向对象的程序设计语言,即把构成问题事务分解成各个对象,建立对象的目的不是为了完成一个步骤,而是为了描述某个事物在整个解决问题的步骤中的行为。

由于计算机只能识别0和1组成的机器语言,所以汇编语言和高级语言都需要翻译成机器语言才能执行。

将汇编源程序翻译为目标程序(机器语言)的过程称为汇编,如图1-1所示。

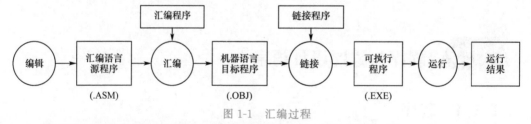

图 1-1　汇编过程

高级语言翻译为目标程序的方式有两种:解释方式和编译方式。

解释方式是将高级语言源程序逐句解释为机器语言并执行,不产生目标程序。因为解释与执行同时进行,所以程序执行效率低。

编译方式是将高级语言源程序翻译成目标程序后,再链接成机器可直接运行的可执行文件如图1-2所示。由于产生的可执行程序可以脱离编译程序和源程序独立存在并反复使用,因此编译方式执行速度快,但每次修改源程序后,必须重新编译。一般高级语言C/C++、FORTRAN、PASCAL等都采用编译方式。

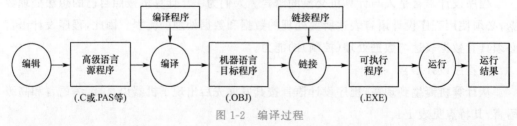

图 1-2　编译过程

2. 程序设计

计算机通过执行程序来完成工作,如计算、通信、控制等。所谓程序,就是遵循一定规则并能完成指定工作的一系列指令和数据的集合。采用计算机语言对程序进行编写,以使计算机解决问题的整个处理过程就称为程序设计。计算机解决问题的基本过程如图 1-3 所示。

图 1-3　计算机解决问题的基本过程

1.1.3　算法简介

1. 算法

算法,就是解决某一应用问题的步骤,是程序设计的基础。例如,一个农夫带着一只狼,一只羊和一些菜过河。但河边只有一条船,由于船太小,只能装下农夫和他的一样东西。当农夫在场的时候,这三样东西相安无事。一旦农夫不在,狼会吃羊,羊会吃菜。请设计算法,使农夫能安全地将这三样东西带过河。

算法一:

第一步:先带羊过河,空手回来;

第二步:带菜过河,带羊回来;

第三步:带狼带过去,空手回来(狼和菜在对岸);

第四步:带羊过河;

第五步:达到目的,结束。

算法二:

第一步:先带羊过河,空手回来;

第二步:带狼过河,带羊回来;

第三步:带菜过河,空手回来;

第四步:带羊过河;

第五步:达到目的,结束。

著名的计算科学家沃思(N. Wirth)提出了一个经典的公式:

$$程序 = 数据结构 + 算法$$

数据结构描述的是数据的类型和组织形式,算法解决计算机"做什么"和"怎么做"的问题。每一个程序都要依赖数据结构和算法,采用不同的数据结构和算法会带来程序的不同质量和效率。实际上,编写程序的大部分时间还是用在算法的设计上。

一个算法应该具有如下特点:

①有穷性。算法仅有有限的操作步骤(空间有穷),并且需要在有限的时间内完成(时间有穷)。如果一个算法需执行 10 年才能完成,虽然是有穷的,但超过了人们可以接受的限度,不能算是一个有效的算法。

②确定性。算法的每一个步骤都是确定的,无二义性。例如,a 大于等于 b,则输出 1;a 小于等于 b,则输出 0。在算法执行时,如果 a 等于 b,算法的结果就不确定了。因此,

该算法是一个错误的算法。

③有效性。算法的每一个步骤都能得到有效的执行,并得到确定的结果。例如,如果一个算法将 0 作为除数,则该算法无效。

④有 0 个或多个输入。

⑤有 1 个或多个输出。没有输出的算法没有任何意义。

2. 算法的要素

一个计算机所能执行的算法必须具备以下要素:

(1)基本操作

基本操作即构成算法的操作取自哪个操作集。计算机操作主要包括:算术运算、关系运算、逻辑运算、函数运算、位运算及 I/O 操作等。由于不同的计算机语言所对应的操作集略有不同,所以在设计算法前,应先确定编程语言。

(2)控制结构

每个算法都是由一系列的操作组成。同一操作序列,按不同的顺序执行,就会得到不同的结果。控制结构即如何控制组成算法的各操作的执行顺序。一个算法只能由 3 种结构组成,即顺序结构、选择结构、循环结构。

3. 算法的描述

算法的描述方法有很多种,最常用的有自然语言、伪代码、流程图、N-S 图、PAD 图和计算机语言等。下面主要介绍如何用自然语言、流程图、N-S 图和程序设计语言来描述算法。

(1)自然语言

自然语言是人们在日常生活、工作、学习中通用的语言,一般不需要专门学习和训练就能理解用这种语言所表达的意思。但用自然语言描述程序(或算法)的流程时,一般要求直接而简练,尽量减少语言上的修饰。如用自然语言描述 sum＝1＋2＋3＋…＋99＋100 的算法。

步骤 1:先求 1＋2,得到结果 3;

步骤 2:将步骤 1 得到的和加上 3,得到结果 6;

步骤 3:将步骤 2 得到的和加上 4,得到结果 10;

依次类推;

……

步骤 99:将步骤 98 得到的和加上 100,得到结果 5050 赋值给 sum。

(2)流程图

流程图是一种传统的算法表示方法。用一些图框表示各种操作;用流程线表示操作的执行顺序;用图形表示算法,直观形象、易于理解。ANSI(American National Standard Institute)规定了一些常用流程图符号。见表 1-2。

表 1-2   **常用流程图符号**

图　形	名　称	说　明
⬭	开始、结束框	算法的开始和结束表示

（续表）

图 形	名 称	说 明
→ ↓	流程线	表示算法的流程方向
○	连接点	表示与流程图其他部分相连
▱	输入/输出框	表示原始数据的输入和处理结果的输出
▭	处理框(矩形框)	表示算法的处理步骤
◇	判断框	允许有一个入口,两个或两个以上的可选择出口

描述 sum＝1＋2＋3＋…＋99＋100 算法的流程图如图 1-4 所示。

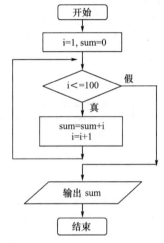

图 1-4   计算 sum＝1＋2＋3＋…＋99＋100 的流程图

（3）N-S 图

N-S 图是由 I. Nassi 和 B. Shneiderman 于 1973 年共同提出的一种结构化描述方法。在这种流程图中,去掉了所有的流程线,算法写在一个矩形框内,在该矩形框内还可以包括其他的矩形框。在程序控制结构中顺序结构、选择结构、循环结构的 N-S 图如图 1-5 至图 1-9 所示。

①顺序结构

顺序结构是简单的线性结构,在顺序结构的程序里,在执行完 A 框所指定的操作后,接着执行 B 框所指定的操作,这个结构里只有一个入口点 A 和一个出口点 B,如图 1-5 所示。

②选择结构

当条件 P 成立时执行 A 操作,当条件 P 不成立时执行 B 操作,如图 1-6 所示。

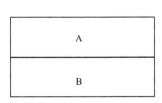

图 1-5   顺序结构 N-S 图

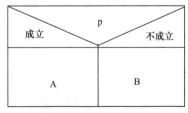

图 1-6   选择结构 N-S 图

5

③循环结构

a.当型循环:先判断条件表达式 p,当条件表达式 p 成立再执行 A 操作,如图 1-7 所示。

b.直到型循环:先执行循环 A 操作一次,再判断条件表达式 p,条件表达式 p 成立继续执行循环,直到条件表达式 p 不成立,结束循环,如图 1-8 所示。

图 1-7　当型循环 N-S 图　　　　图 1-8　直到型循环 N-S 图

描述 sum=1+2+3+…+99+100 算法的 N-S 图,如图 1-9 所示。

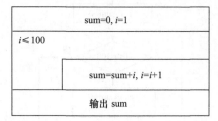

图 1-9　描述 sum=1+2+3+…+99+100 的算法 N-S 图

(4)程序设计语言

计算机是不能执行自然语言、流程图和 N-S 图描述的算法,要让计算机执行一个算法,必须把该算法转换成计算机语言。用计算机语言表示算法必须严格遵循所使用的语法规则。

【例 1-1】　用 C 语言描述 sum=1+2+3+…+99+100 的算法:

```c
# include <stdio.h>
int main( )
{
    int i,sum;
    i=1; sum=0;
    while(i<=100)
    {
        sum=sum+i;
        i=i+1;
    }
    printf("sum= % d\n",sum);
    return 0;
}
```

程序运行结果:

```
sum=5050
Press any key to continue
```

1.2　C 语言简介

1.2.1　C 语言的发展

1972 年美国贝尔实验室的 D. M. Ritchie 在 B 语言的基础上设计出了一种新的语言,他取了 BCPL 的第二个字母作为这种语言的名字,这就是 C 语言。C 语言不仅可以实现系统软件,也可用于开发应用软件。它还广泛使用在不同的软件平台和不同架构的计算机上,而且几个流行的编译器都采用它来实现。C 语言还极大地影响了很多其他的流行程序设计语言,尤其是 C++程序设计语言,该语言是 C 语言的一个超集。

C 语言的起源与 Unix 操作系统的开发紧密相连。1969 年,美国贝尔实验室的 Ken Thompson 等人用 PDP-7 汇编语言编写了最初的 Unix 系统。接着,又对剑桥大学的 Martin Richards 设计的 BCPL(Basic Combined Programming Language)语言进行了简化,并为 Unix 设计了一种编写系统软件的语言,命名为 B 语言,并用 B 语言为 DEC PDP-7 编写了 Unix 操作系统。B 语言简单而且很接近硬件,它是一种无类型的语言,直接对机器字操作,这和后来的 C 语言有很大不同。1972 年~1973 年,贝尔实验室的 Denis Ritchie 改造了 B 语言,为其添加了数据类型的概念,并由此设计出来 C 语言。BCPL,B 和 C 全都符合以 Fortran 和 Algol 60 为代表的传统过程类型语言。它们都面向系统编程、小、定义简洁,以及可被简单编译器翻译。1973 年,Ken Thompson 小组在 PDP-11 机上用 C 重新改写了 Unix 的内核。与此同时,C 语言的编译程序也被移植到 IBM 360/370、Honeywell 11 以及 VAX-11/780 等多种计算机上,迅速成为应用最广泛的系统程序设计语言。

1978 年 Brian Kernighan 和 Dennis Ritchie(合称 K&R)出版了名著 The C Programming Language 第一版,这本书作为一种程序设计语言的规范说明使用了很多年。在 20 世纪 80 年代,C 语言的使用广泛传播,并且编译器几乎出现在每一种机器体系结构和操作系统中,特别是它变成一种个人计算机上流行的编程工具,包括对这些机器的商业软件制造商和对编程有兴趣的终端用户。由于没有统一的标准,使得应用于不同计算机系统上 C 语言之间有一些不一致的地方。到 1982 年,C 语言标准化势在必行。

美国国家标准协会(ANSI)于 1983 年夏天组建了 X3J11 委员会,为 C 语言制定了第一个 ANSI 标准,称为 ANSI C,简称标准 C。1987 年 ANSI 又公布了新标准——87 ANSI C。1988 年 K&R 根据 ANSI C 标准重新写了他们的经典著作,并发表了 The C Programming Language,Second Edition。87 ANSI C 在 1989 年被国际标准化组织(ISO)采用,被称为 ANSI/ISO Standard C(即 C89)。现代的 C 语言编译器绝大多数都遵循该标准。

1999 年发布的 C99 在基本保留 C 语言特征的基础上,增加了一系列 C++中面向对象的新特征,使 C99 成为 C++的一个子集。C 语言也从过程化的语言发展成为面向对象的语言。但目前大多数 C 编译器还没有完全实现 C99 修改。因此,本书按照 C89 来讲授。

面向对象的编程语言目前主要有 C++、C♯、Java 语言。这三种语言都是从 C 语言派生出来的,C语言的知识几乎都适用于这三种语言。

C语言的编程环境一直在向前发展。美国Borland公司于1987年在Borland Pascal的基础上成功推出了TURBO C,它不仅能够满足ANSI标准,还提供了一个集成开发环境。它保留了按传统方式提供了命令行编译程序的方法,更重要的是它采用了下拉式菜单,将文本编辑、程序编译、链接及程序运行等一系列过程进行了集成,大大简化了程序的开发过程。随着Windows编程的兴起,Borland C和Microsoft C(MSC,只能在DOS下采用命令行撰写Windows程式)受到用户的欢迎。我们目前采用的是兼容C语言的Microsoft Visual C++6.0(简称VC++6.0)、Microsoft Visual C++ 2010(简称VC++2010)和Borland C++集成开发环境。本书采用VC++6.0集成开发环境。

1.2.2 C语言的特点

C的成功超出了Ken Thompson和Dennis Ritchie等人早期的期望。目前很多著名系统软件,如dBASE IV等都是用C编写,在图像处理、数据处理和数值计算等应用领域都可以方便使用C语言。哪些特点促进了C语言得到广泛使用呢?

①C语言是一种通用性语言,通用性、设计自由度大和可扩展性强使得它对许多程序员来说显得简洁紧凑、方便灵活。

②C语言是一种程序结构化语言。C语言吸取了FORTRAN和ALGOL 68语言的结构化思想,出现了结构类型和Union联合类型,采用了复合语句"{}"形式和函数调用模式,并具有顺序结构、条件选择结构和循环结构化程序流程。这样,对于设计一个大型程序来说,可方便程序员分工编程和调试,提高了并行编程的效率。也使得C语言相对于汇编语言而言,具有"高级"语言的特点。

③C语言的可移植性好。它适合不同架构CPU的微机系统和多种操作系统。不同于汇编语言或一些高级语言只能依赖机器硬件或操作系统。

④C语言的应用领域很广泛。单片机、嵌入式系统和DSP等都将C语言作为自己的开发工具。尽管C++语言发展很快,但仍然无法替代C语言在面向OEM底层开发时的应用。

C语言虽取得了成功,但也有很多缺陷。如类型检查相对较弱、缺少支持代码重用的语言结构等缺陷,造成用C语言开发大程序比较困难。虽然如此,C语言符合系统实现语言的需要,足以取代汇编语言,并可在不同环境中流畅描述算法。更重要的是,学好了C语言,就是为学习程序设计打好了坚实的基础,为以后的工程应用打开了一扇门。

1.2.3 初识C语言程序

用C语言编写的程序称为C语言源程序,简称C程序。C程序以".c"作为文件扩展名。下面从两个简单的例子讲解C程序的基本结构,使读者对C程序有一个大概的了解。

【例1-2】 编写一个C程序,功能是在屏幕上显示"现在开始学习C语言"。

```
# include <stdio.h>        //编译预处理命令,在程序中要用到输入/输出时,程序头需写上该行
```

```
void main( )                    /* 主函数,程序从这里开始执行。void 为函数类型,表示函数无返回
                                   值;( )里面为空,表示函数参数为空。*/
{                               //函数体以"{"开始,"}"结束
    printf("现在开始学习C语言\n");  /* 调用标准输出函数 printf 在屏幕上输出信息,字符
                                   串"现在开始学习C语言","\n"表示换行 */
}
```

程序运行结果:

现在开始学习C语言
Press any key to continue

【例 1-3】　编写一个 C 程序,功能是在屏幕上显示下列信息。

```
    *
   * * *
  * * * * *
 * * * * * * *
```

```
# include<stdio.h>
int main( )                     //int 函数类型,表示函数为 int(整型)类型
{
    printf("    *\n");
    printf("   * * *\n");
    printf(" * * * * *\n");
    printf("* * * * * * *\n");
    return 0;     // return,C语言中关键字,其作用是结束本函数执行,返回函数的调用处
}
```

程序运行结果:

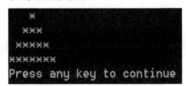

从以上例子,我们简单总结出 C 程序的基本结构:

①C 程序由函数组成,但有且仅有一个主函数 main( ),且程序从 main( )函数处开始执行,在 main( )函数中结束。

②函数由函数首部和函数体组成。函数首部由函数类型,函数名和参数组成。函数体以花括号"{ }"作为标志,但注意"{ }"必须配对使用。书写"{ }"内的语句通常向右缩进两个字符或一个水平制表符,以便程序更加清晰易读。

③C 程序有两种注释方法,"/*　*/"为块注释,"//"为行注释(标准 C 不支持行注释。)。注释可以出现在任何位置并且不参加编译。注释可以增加程序的可读性。一个好的程序应该有较多的注释,编程者应该养成写注释的好习惯。

④C 程序以";"作为每条语句结束标志。C 程序书写格式自由,可以多条语句写在一行,也可以每条语句单独写一行。

⑤C 语句严格区分大小写。例如,a 和 A 就是两个截然不同的变量。

⑥C语言的标准输入、输出函数由标准库函数中的 scanf( )和 printf( )等函数完成，但程序开头要用"♯include ＜stdio.h＞"把标准库函数包含进程序中。

1.3　C语言程序的上机软件及步骤

1.3.1　Visual C＋＋ 6.0

C语言程序开发工具有很多，本教材以 Visual C＋＋ 6.0(简称 VC＋＋ 6.0)作为程序设计环境。VC＋＋ 6.0 是 Microsoft 公司开发的基于 Windows 平台的 C/C＋＋可视化集成开发工具，可以在其中进行编辑、编译、链接、运行、调试 C 程序等操作。

1.启动 VC＋＋ 6.0

从"开始"→"程序"→"Microsoft Visual Studio 6.0"→"Microsoft Visual C＋＋ 6.0"，可启动 VC＋＋6.0。也可以在桌面上创建 VC＋＋6.0 的快捷方式，双击该图标，即可启动 VC＋＋6.0。

2.熟悉 VC＋＋6.0 的开发环境

VC＋＋6.0 的主窗口如图 1-10 所示。

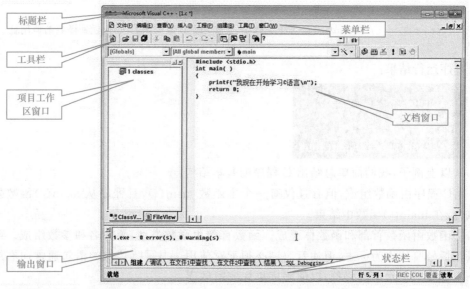

图 1-10　VC＋＋ 6.0 的主窗口

3.VC＋＋ 6.0 程序编辑与调试

(1)创建 C 程序项目与文件

①在计算机 D 盘建立一个文件夹，用于存放 C 程序文件，如 D:\GCXY。

②启动 VC＋＋6.0，在 VC＋＋6.0 主窗口中单击菜单栏中的"文件"菜单，然后再弹出的列表框中选择"新建"，如图 1-11 所示。

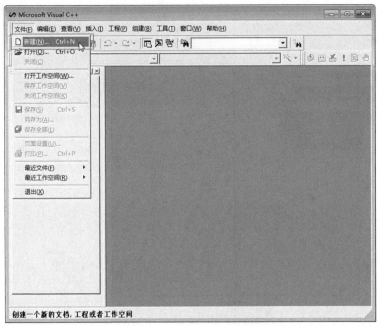

图 1-11 VC++ 6.0 初始化窗口

③在弹出的"新建"对话框中，单击"工程"选项卡，在工程选项卡列表框中选择"Win32 Console Application"工程类型，然后在"工程名称"文本框中输入项目名称，如"one"，在"位置"文本中输入指定存放路径"D:\GCXY"，最后单击"确定"按钮，如图 1-12所示。

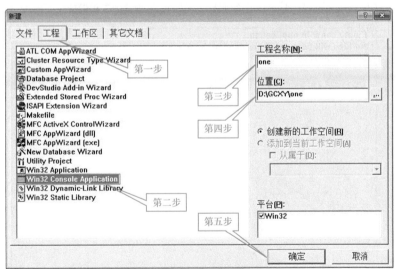

图 1-12 新建工程对话框

④在弹出的"Win32 Console Application"对话框中单选"一个空工程[E]"，然后再单击"完成"按钮，如图 1-13 所示。

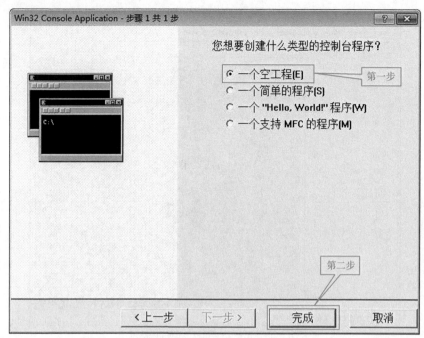

图 1-13　新建空工程对话框

⑤在弹出的"新建工程信息"对话框中单击"确定"按钮,完成工程创建,如图 1-14
所示。

图 1-14　新建工程信息对话框

⑥按上述①②步骤在"新建"对话框中,单击"文件"菜单,在文件菜单列表框中选择"C++ Source File"选项,在对话框右侧"文件名"文本框中输入源程序文件夹名,如"1.c",如图 1-15 所示。然后单击"确定"按钮,即可转换到 VC++6.0 的源程序编辑窗口,如图 1-16 所示。

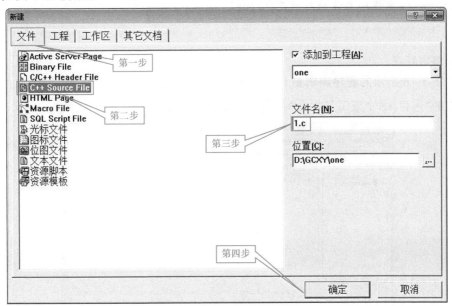

图 1-15　新建工程信息对话框

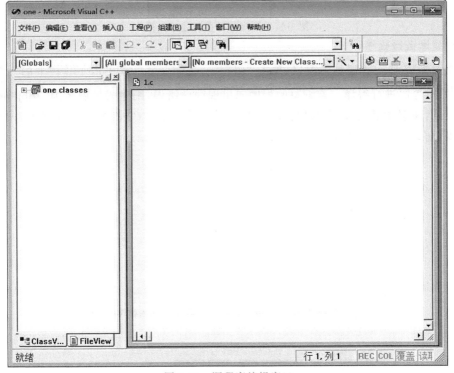

图 1-16　源程序编辑窗口

C 语言源程序文件的后缀是:".c",需手动输入,否则系统将自动生成后缀:".cpp"。
VC++的源程序文件的后缀是:".cpp"。

3. 编辑程序

在图 1-16 所示的程序编辑窗口中输入源程序代码,如图 1-17 所示。再单击"文件"菜单中的"保存"命令或工具栏上的"🖫"按钮进行保存。

图 1-17 编辑并保存源程序文件

4. 编译链接程序

在图 1-17 所示程序编辑窗口,单击"组建➜编译"菜单或单击工具栏上的"🥁"按钮,开始对程序进行编译。若编写的程序未出现编译错误,则生成扩展名为".obj"的目标程序;若出现编译错误,则需要根据编辑窗口下方提示栏中的"错误信息"对源程序继续编辑修改,直到编译无错为止,如图 1-18 所示。

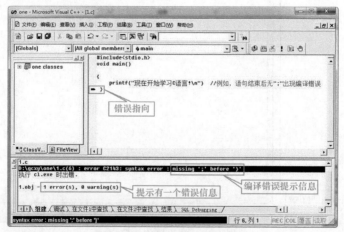

图 1-18 编译错误提示窗口

知识小贴士

1. 编译无错误编辑窗口下方出现：1. obj — 0 error(s)，0 warning(s)，

2. 当编译有错误时，编辑窗口下方会出现错误提示，然后查看错误信息；在错误信息上双击鼠标可切换到出错的程序编辑器窗口，这时在编辑窗口左侧的蓝色箭头指向了错误所在行（根据错误提示信息，把";"加在错误行前一行的末尾，修改后再进行调试）。

5. 生成可执行程序

当编译无错时，单击"组建→组建"菜单命令或单击窗口中的" 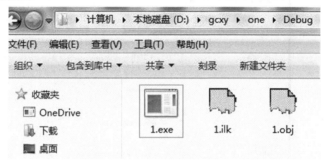 "按钮，即可对目标程序进行链接，生成扩展名为".exe"的可执行文件，该文件存于"D:\gcxy\one\Debug"路径下，如图1-19所示。

图1-19 可执行程序生成存放窗口

6. 执行程序

生成可执行文件后，单击"组建→执行"菜单命令或单击窗口中的" ! "按钮，可执行上一步创建的可执行程序，如图1-20所示。

图1-20 程序执行窗口

知识小贴士

如果离开编程环境而运行编译后的可执行程序 1.exe（即双击图1-19中 1.exe文件）则运行结果将一闪而过，不会停下来让我们观察。为了解决这个问题，可以在程序末加一个输入语句 getch( )。

1.3.2 Visual C++ 2010

2018 年 3 月开始,全国计算机等级考试二级 C 语言开发环境改为:Microsoft Visual C++ 2010(简称 VC++ 2010)学习版,本节主要介绍在 VC++ 2010 中编辑、编译、链接、运行、调试 C 程序。

1. 启动 VC++2010

从"开始"→"程序"→"Microsoft Visual Studio 2010 Express"→"Microsoft Visual C++ 2010 Express",可启动 VC++2010。也可以在桌面上创建 VC++ 2010 的快捷方式 ,双击该图标,即可进入 VC++2010 起始页窗口,如图 1-21 所示。

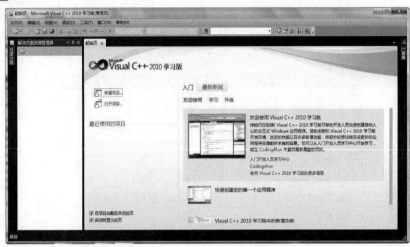

图 1-21　VC++2010 系统起始页窗口

2. 熟悉 VC++ 2010 的开发环境

创建 C 程序项目与文件

①在 VC++ 2010 系统起始页单击文件→新建→项目,如图 1-22 所示。

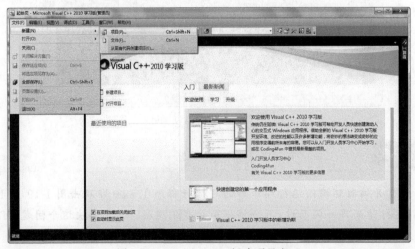

图 1-22　VC++2010 新建项目窗口

②在"新建项目"窗口中,选择"Win32 控制台应用程序",输入项目"名称"及选择保存"位置"后单击"确定"按钮,如图 1-23 所示。

图 1-23 新建项目对话框

③在"Win32 应用程序向导对话框"中单击"下一步"按钮,如图 1-24 所示。

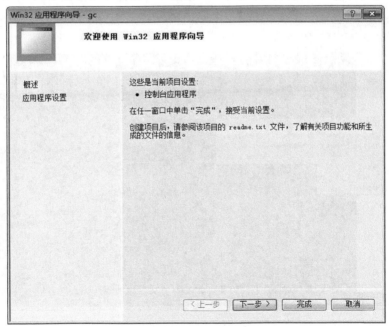

图 1-24 Win32 应用程序向导对话框(1)

④在"Win32 应用程序向导"对话框"附加选项"中,勾选"空项目"后单击"完成"按钮即可完成创建项目,如图 1-25 所示。

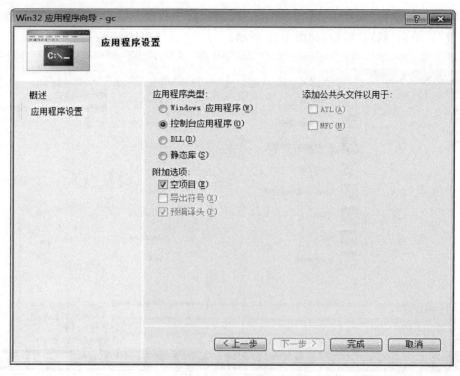

图 1-25　Win32 应用程序向导对话框(2)

⑤在新建项目窗口中,右击"源文件"→"添加"→"新建项",如图 1-26 所示。

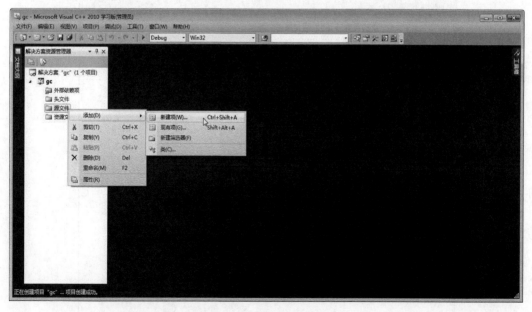

图 1-26　新建项窗口

⑥在"添加新项"对话框中选择"C++文件(.cpp)",输入"名称"及选择保存"位置"后单击"添加"按钮,如图 1-27 所示。系统转换到程序编辑主窗口。

图 1-27　添加新项对话框

⑦VC＋＋2010 程序编辑主窗口如图 1-28 所示。

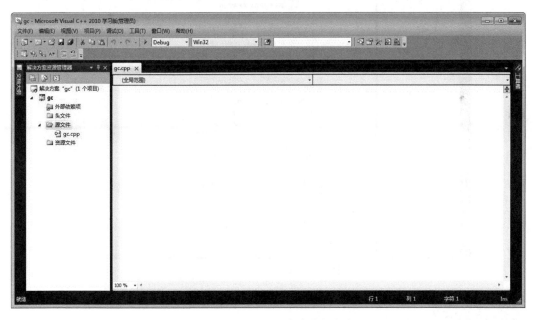

图 1-28　VC＋＋2010 程序编辑主窗口

⑧添加"开始执行（不调试）"命令按钮到工具栏，单击"添加或移除"按钮→"自定义"
选项，如图 1-29 所示。在弹出的"自定义"对话框→"命令"→"添加命令"对话框→类别
"调试"→命令"开始执行（不调试）"，如图 1-30 所示。单击"确定"按钮即可在工具栏上添
加"开始执行（不调试）"命令按钮。

图 1-29　添加或移除按钮窗口

图 1-30　添加命令按钮窗口

●知识小贴士

如果不添加"开始执行(不调试)"命令按钮(快捷键 Ctrl＋F5)，直接单击工具栏上的" ▶ "启动调试(快捷键 F5)，程序运行结果将一闪而过，不会停下来让我们观察，所以我们需要添加"开始执行(不调试)"命令按钮。

3. VC＋＋ 2010 程序编辑与调试

(1)在图 1-28 所示的编辑主窗口中输入程序代码,如图 1-31 所示。再单击"文件"菜单中的"保存"命令或工具栏上的""按钮进行保存。

图 1-31 VC＋＋2010 程序编辑

(2)程序语句编写好后,单击"调试"→"生成解决方案"(快捷键 F7)菜单命令,在输出框查看有无错误,如果有错误根据提示进行修改,如图 1-32 所示。

图 1-32 程序编辑与调试

(3)程序经过调试无错误,单击工具栏上"▷ 开始执行"(不调试)按钮或按快捷键"Ctrl+F5",即可执行程序,如图 1-33 所示。

图 1-33　程序执行窗口

1.4　本章小结

　　C 语言是一种通用的程序设计语言,具有高效性、灵活性、功能丰富、表达力强、移植性好等特点。从确定 C 程序算法开始编写代码,到上机(编辑、编译、链接、运行和调试)运行得到结果,其开发过程如图 1-34 所示。上机是检验算法和程序的重要手段,建议学习者多上机练习。

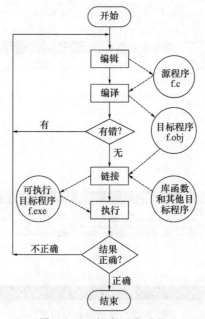

图 1-34　C 语言开发过程

1.5 习题练习

一、选择题

1.在程序开发过程中,把文本文件格式源程序转化为二进制格式目标程序的过程称为(　　)。

A.运行　　　　　　　B.编辑　　　　　　　C.编译　　　　　　　D.链接

2.开发 C 程序一般需要经过的几个步骤依次是(　　)。

A.编辑、调试、编译、链接、运行

B.编辑、编译、链接、运行、调试

C.编译、运行、调试、编辑、链接

D.编译、编辑、链接、调试、运行

3.下列选项中表示主函数的是(　　)。

A.int　　　　　　　　B.main( )　　　　　　C.return　　　　　　D.printf( )

4.C 语言程序由(　　)组成。

A.子程序　　　　　　B.函数　　　　　　　C.主程序　　　　　　D.过程

5.一个 C 语言程序中主函数的个数是(　　)。

A.2　　　　　　　　　B.3　　　　　　　　　C.任意多个　　　　　D.1 个

二、填空题

1.在 C 程序中每条语句必须以_____结束。

2.程序设计语言分为高级语言和低级语言。低级语言分为_____和_____。

3.C 语言源文件的扩展名为_____。

4.C 程序的注释有两种,其中,块注释由_____标识,行注释由_____标识。

5.在 C 语言程序中,如果使用 printf( )函数,应该包含_____头文件。

三、程序设计题

参照书上例题,运行 VC++6.0 编程环境,编写程序,输出如下信息。

```
* * * * * * * * * * * * * *
        HOW ARE YOU
* * * * * * * * * * * * * *
```

第 2 章
C 语言程序设计基础

本章介绍 C 语言程序设计基础知识，主要内容有：字符集、标识符、关键字、数据类型、常量与变量、数据的输入与输出、运算符和表达式等。

2.1 字符集

字符是组成语言的最基本的元素，国际上使用最广泛的计算机字符编码是 ASCII（American Standard Code for Information Interchange，美国信息交换标准代码），标准的 ASCII 码字符集包括 128 个字符。将字符集中的字符组织在一起就构成了 C 语言的字符集，再按一定的规则进行组织就可以构成 C 语言的关键字、标识符。将他们按照 C 语言规定的语法规则进行组织，就可以构成 C 语言中的各种语句。根据要完成的特定功能将某些语句按照一定的规则组织在一起，就构成了 C 语言的函数。多个函数组合在一起就构成了 C 语言程序，该程序能够完成指定的功能。因此，用"字—词—句—段—章"的自然语言的学习顺序来学习 C 语言是一种非常有效的学习方法，见表 2-1。

表 2-1 自然语言与 C 语言组成要素对比表

自然语言	字	词		句	段	章
		单词	短语			
C 语言	字符	标识符	表达式	语句	函数	程序

2.2 标识符

在 C 语言中，通常采用具有一定含义的名字来表示程序中的数据类型、变量、函数等，以便能按照名字来访问这些对象，这个名字就叫作标识符。

用户在程序中自定义标识符时必须注意以下几点：

(1)标识符必须以字母(A~Z 或 a~z)或下划线(_)开头；

（2）标识符除开头外，其他位置可由英文字母、数字或下划线组成（标识符仅允许使用下划线"_"、数字字符（0～9）、英文小写字母和英文大写字母 4 种字符）；

（3）英文字母大小写代表不同的标识符；

（4）不允许使用 C 语言关键字为标识符命名；

（5）标识符的命名最好具有相关含义；

（6）标识符可以包含任意多个字符，但一般会有最大长度限制（多数情况不会达到限制）；

　例　abc、ABC（大小写代表不同的标识符）

　　_abc、_ABC

　　_abc123、_ABC123

以上均是合法的标识符。

●知识小贴士

　　在程序中定义的标识符应该是易读、易记、易懂的。如根据程序中变量的意义，可用意思相同或相近的英文单词或汉语拼音（即见其名知其义）做标识符。

2.3　关键字

有些字符的组合是不能作为标识符的，如 char、if 等，这是因为它们已经被系统使用，系统使用的标识符称为关键字。关键字是系统规定的专用的字符序列，不能当作普通标识符使用。这和其他程序设计语言一致，每种语言都有自己的关键字。标准 C 语言中共有 32 个关键字，见表 2-2。

表 2-2　　　　　　　　　　　　　关键字

auto	break	case	char	const	continue	default	do
double	else	enum	extern	float	for	goto	if
int	long	register	return	short	signed	sizeof	static
struct	switch	typedef	union	unsigned	void	volatile	while

●知识小贴士

　　C 语言的一些主要关键字：

　　数据类型：char, int, float, double, void；

　　输入与输出：scanf, printf, getchar, putchar, getch, getche；

　　语句：if, else, switch, case, default, break, while, for, do, continue, goto, return；

　　运算符：sizeof。

　　关于 C 语言的各关键字及其用途，请参阅附录 B。

2.4 数据类型

C语言中包括了丰富的数据类型,按照数据类型的构造方式,可以分为基本数据类型、构造类型等,如图 2-1 所示。

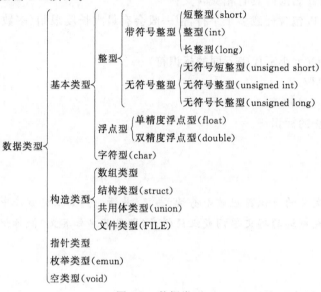

图 2-1　数据类型

在 VC++6.0 中,基本数据类型在内存中所占的字节数和数据的取值范围见表 2-3。

表 2-3　　　　VC++6.0中基本数据类型所占的字节数与数据的取值范围

类　型	长度(Byte)	取　值　范　围
char(字符型)	1	-128～127
unsigned char(无符号字符型)	1	0～255
signed char(有符号字符型)	1	-128～127
int(整型)	4	-2147483648～2147483647
unsigned int(无符号整型)	4	0～4294967295
signed int(有符号整型)	4	同 int
short(短整型)	2	-32768～32767
unsigned short(无符号短整型)	2	0～65535
signed short(有符号短整型)	2	同 short
long(长整型)	4	-2147483648～2147483647
signed long(有符号长整型)	4	同 long
unsigned long(无符号长整型)	4	0～4294967295
float(单精度浮点型)	4	$\pm(3.4 * 10^{-38} \sim 3.4 * 10^{38})$,6 位有效数字
double(双精度浮点型)	8	$\pm(1.7 * 10^{-308} \sim 1.7 * 10^{308})$,16 位有效数字

在 VC++6.0 环境中，整型和无符号整型占 4 个字节存储空间。C 语言提供了一个测定数据类型所占字节数的运算符 sizeof，使用格式为：

sizeof(数据类型或数据)

【例 2-1】　用 sizeof 运算符测定在当前编译系统中数据类型所占空间的字节数。

```c
# include <stdio.h>
int main( )
{
    printf("char:        %d字节\n", sizeof(char));
    printf("int:         %d字节\n", sizeof(int));
    printf("short:       %d字节\n", sizeof(short));
    printf("long:        %d字节\n", sizeof(long));
    printf("float:       %d字节\n", sizeof(float));
    printf("double:      %d字节\n", sizeof(double));
    return 0;
}
```

程序运行结果：

```
char:   1 字节
int:    4 字节
short:  2 字节
long:   4 字节
float:  4 字节
double: 8 字节
Press any key to continue
```

知识小贴士

程序中%d 表示对应表达式的值按十进制输出，\n 表示输出一个换行符使得下一次输出从新行开始。

2.5　常量与变量

2.5.1　常量

常量是在程序运行中不可改变的量。在 C 语言中，常量可分为：整型常量、实型常量、字符型常量、字符串常量、符号型常量。

(1)整型常量

C 语言中，整型常量有十进制、八进制、十六进制三种形式。以 0 开头的数字系列是八进制数，以 0x 或 0X 开头的数字系列是十六进制数，其他情况是十进制数。合法的整型常量表示形式，见表 2-4。

表 2-4　　　　　　　　　　　　　整型常量表示形式

进制	取值范围	前缀	合法的整型常量	不合法的整型常量
八进制	0～7	0	015、0101、−011	789、255
十六进制	0～9、A～F	0x 或 0X	0XAB、0X12、−0X12	AB、27、12
十进制	0～9	无	123、456、−123	5AB、4CD

● 知识小贴士

在字长为 16 位的系统中,整数的范围为−32768～32767,超出该范围的整数要用长整数(32 位)表示。整数后面加字母 l 或字母 L 表示长整数,例如,1276699990L,系统会用 4 个字节来存储,长整数的范围为−2147483648～2147483647。

在字长为 32 位的系统中,整数默认为长整数,不需要加 L,例如,1276699990。

（2）实型常量

实型常量又称浮点型常量。浮点型常量只能用十进制数表示,不能用八进制数或十六进制数表示。表示形式有两种,见表 2-5。

表 2-5　　　　　　　　　　　　　实型常量表示形式

表示形式	说明	例如
十进制小数形式	由数字和小数点组成(必须有小数点)	123、123.0、0.0
指数形式	类似数学中的指数形式,由十进制数加阶码标志"e"或"E"以及阶码组成。	123e3、123.45e5

● 知识小贴士

①123e3 表示 123×10^3,123.45e5 表示 123.45×10^5。

②指数形式中,字母 e 或 E 之前必须有数字,且后面必须为整数。

③浮点数加 f 表示单精度,不加 f 表示双精度。例如,12.5f 是单精度数,12.5是双精度数。

（3）字符型常量

①普通字符常量

字符型常量简称字符,是用单引号括起来的一个字符,例如:'x''a''A''b''$''#'。

●知识小贴士　● ● ● ● ● ● ● ● ● ● ● ● ● ● ● ● ● ● ●

　　单引号只用来表示字符常量,并不是字符常量的一部分,所以单引号必须是半角符号。字符常量在计算机内存中占 1 个字节。字符型数据在内存中是存储该字符的 ASCII 码,如'A'的 ASCII 码为 65,在内存中存储形式为 01000001。

　　②转义字符

　　有些字符无法通过键盘输入,因此要用转义字符来表示,同时能通过键盘输入的字符也可用转义字符表示。C 语言用反斜杠"\"来表示转义字符,有三种表示方法:

➤ 用反斜杠开头,后面跟一个字母代表一个控制符。

➤ 用"\\"代表字符\,用"\'"代表单引号',用"\''"代表双引号''。

➤ 用"\"后跟 1～3 个八进制数代表 ASCII 码为该八进制数的字符;用"\x"后跟 1～2 个十六进制数代表 ASCII 码为该十六进制数的字符。转义字符见表 2-6。

●知识小贴士　● ● ● ● ● ● ● ● ● ● ● ● ● ● ● ● ● ● ●

　　字符常量'\0'与'0'是不同的字符,'\0'表示 ASCII 码为 0 的字符,即空字符;'0'是字符 0,ASCII 为 48,见附录 A。

表 2-6　　　　　　　　　　　　　　　转义字符

字 符 形 式	功　　能	ASCII 码值
\0	字符串结束符	0
\n	换行	10
\t	横向跳格	9
\v	纵向跳格	11
\b	退格	8
\r	回车	13
\f	换页	12
\\	反斜杠字符\	92
\'	单引号字符	39
\''	双引号字符	34
\ddd	ddd 为八进制所代表的字符	3 位八进制
\xhh	hh 为十六进制所代表的字符	2 位十六进制

【例 2-2】 通过输出结果观察转义字符。

```
#include <stdio.h>
void main()
{
    printf("%c\n%c\n%c\n%c\n%c\n%c\n%c\n",'\x40','A','\x41','\101','\\','\'','\"');
}
```

程序运行结果：

```
□ "D:\GCXY\2\2\Debug\2.exe"

@
@
A
A
A
\
'
"
Press any key to continue_
```

> **知识小贴士**
>
> '\x40'是用十六进制数 40 表示的转义字符,其十进制数为 64,字符为@;'\101'是用八进制数 101 表示的转义字符,其十进制数为 65,字符为 A;'\\'表示字符\;'\''表示字符';'\"'表示字符";%c 表示按字符输出。其中字符 A 有三种表示方法'A''\x41'和'\101'。

(4)字符串常量

字符串常量简称字符串,是用双引号括起来的零个或多个字符系列,例如,"a""12""abc""C 语言"。

> **知识小贴士**
>
> ①每个字符串都包含字符串结束符'\0',也就是空字符,即它不引起任何控制动作,是一个不显示的字符。C 语言规定它仅是"字符串结束标志"。
>
> ②"a"与'a'不同,"a"包含两个字符'a'及'\0',在存储时占两个字节,'a'在存储时占一个字节。例如,char c; c='A'; /*正确*/
>
>   c="A"; /*错误*/
>
> ③""是空字符串,仅含字符'\0'。

(5)符号常量

符号常量是指用符号代表某个常量,在 C 语言中用#define 先定义符号常量,其格式如下：

#define 符号常量标识符 常量值

【例 2-3】 计算并输出半径为 r 的圆的面积。

```
#include<stdio.h>
#define PI 3.14        //定义符号常量 PI 代表 3.14
main()
{
    float r,area;
    printf("请输入圆的半径:");
    scanf("%f",&r);
    area=PI*r*r;
    printf("area=%f\n",area);
}
```

●知识小贴士　● ● ● ● ● ● ● ● ● ● ● ● ● ● ● ● ●

　　使用符号常量的好处:含义清楚,见名知意;修改方便,一改全改。通常符号常量采用大写字母表示,用 define 定义时前面必须以"#"开头,命令行最后不加分号。

2.5.2 　变量

　　变量是指在程序运行中可以改变的量。变量是通过数据类型来定义的,变量在内存中占一定的存储空间,各种变量所占的存储空间由数据类型决定。

　　(1)变量名

　　变量名要符合标识符的命名规则。

　　(2)变量的定义

　　在 C 语言中,要求对所有用到的变量做强制定义,也就是变量必须"先定义后使用"。变量定义的一般形式如下:

　　数据类型说明符　变量名标识符 1,变量名标识符 2,…;

　　其中,数据类型说明符用于确定变量的数据类型。

　　例如:

```
int i,j,k;          //定义 i,j,k 为整型变量
float f1,f2;        //定义 f1,f2 为单精度浮点型变量
char ch1,ch2;       //定义 ch1,ch2 为字符型变量
```

●知识小贴士　● ● ● ● ● ● ● ● ● ● ● ● ● ● ● ● ●

　　在定义变量时应该注意以下几点:

　　①变量名的定义必须在变量使用之前进行,一般放在函数体开头的声明部分;

　　②允许同时定义同一数据类型的多个变量,多个变量之间用","分隔;

　　③最后一个变量名后以";"结束;

　　④类型说明符与变量名之间至少要有一个空格。

（3）变量的赋值

C语言中赋值运算符是"＝"，通过赋值可以改变变量的值，赋值运算符的格式为：

变量＝表达式

例：

```
int i＝2;             //将常量 2 赋值给 i
float f1＝1.1;        //将浮点型常量 1.1 赋值给 f1
char ch1＝′A′;        //将字符型常量 A 赋值给 ch1
```

知识小贴士 •

"＝"是赋值符号，不是等于号。等于号用"＝ ＝"表示，等于号属于关系运算符。

（4）根据数据类型变量也可分为：整型变量、实型变量、字符型变量。

①整型变量

定义整型变量的标志是 int。一个整型变量可以保存一个整数。

C语言提供的整型变量包括基本整型（int）、短整型（short 或 short int）、长整型（long 或 long int）和无符号型（unsigned int，unsigned short，unsigned long）。

【例 2-4】 整型变量的定义与使用。

```
# include ＜stdio.h＞
int main( )
{
    int a,b,c,d;
    unsigned inte;
    a＝10;b＝－5;e＝15;
    c＝a＋b;
    d＝c＋e;
    printf("c＝ ％d,d＝ ％d\n",c,d);
    return 0;
}
```

程序运行结果：

```
c=5,d=20
Press any key to continue
```

②实型变量

C语言提供的实型变量包括单精度型（float）、双精度型（double）、长双精度型（long double）。

【例 2-5】　实型变量的定义与使用。

```c
# include <stdio.h>
int main( )
{
    float a,b;                //定义 a、b 为单精度浮点型变量
    a=12345.6789e5;
    b=a+1;
    printf("%f\n%f\n",a, b);
    return 0;
}
```

程序运行结果：

```
1234567936.000000
1234567937.000000
Press any key to continue
```

知识小贴士

　　一个实型变量只能保证的有效数字为 6～7 位,故 a 的赋值为 12345.6789,输出时却显示 12345.67936,前面 7 位数字是有效的,后面出现误差。应当避免将一个很大的数和一个很小的数相加或相减,否则就会"丢失"小的数。

③字符型变量

在 C 语言当中字符型变量只有一种定义形式：

char 变量名;

字符型变量用来存放字符常量,每个字符变量被分配一个字节的内存空间。由于字符型变量在内存中存放的是字符 ASCII 码值,所以也可以把它们看成整型数据。字符型数据与整型数据之间的转换比较方便,还可以参与算术运算、与整型数据相互赋值、按照整数形式输出。

【例 2-6】　字符型数据与整型数据之间的运算。

```c
# include <stdio.h>
int main( )
{
    int n=65;
    printf("%d, %c, %d, %c\n", n, n, n+1, n+1);
    return 0;
}
```

程序运行结果：

```
65, A, 66, B
Press any key to continue
```

知识小贴士

在上例中,字符'A'的 ASCII 码为 65,变量 n 以整型数据(%d)方式输出时为 65,以字符方式输出时为'A'。n+1 的结果为 66,以整型数据方式输出时仍为 66,以字符方式输出时为'B',因为字符'B'的 ASCII 码为 66。

2.6 数据的输入/输出概念

一个完整的计算机程序应具备输入/输出功能,C 语言本身没有提供专门输入/输出语句,其输入与输出主要是通过调用标准 I/O 库函数来完成的,为了能调用标准 I/O 库函数,一般应在程序开头写预编译命令:

include＜stdio.h＞

或

include"stdio.h"

接下来本节介绍几种最通用的函数:字符输出函数 putchar( )与字符输入函数 get-char( )、数据格式化输出函数 printf( )与数据格式化输入函数 scanf( )。

2.7 字符输入/输出函数

2.7.1 字符输出函数 putchar( )

字符输出函数 putchar()功能是向终端输出一个字符,一般形式:

putchar(ch);

其中,ch 可以是字符型变量,也可以是整型变量,还可以是字符型常量或整型常量。

【例 2-7】 使用 putchar()函数输出字符。

```c
# include＜stdio.h＞
int main()
{
    char ch='A';
    putchar(ch);          //输出字符'A'
    putchar('\n');        //输出转义字符换行
    putchar(65);          //输出字符'A'
    putchar('\n');
    putchar(ch+32);       //输出字符'a'
    putchar('\n');
    return 0;
}
```

程序运行结果：

```
A
A
a
Press any key to continue.
```

2.7.2　字符输入函数 getchar（ ）

字符输入函数 getchar()的功能是从终端（或系统隐含指定的输入设备）接收一个字符，一般形式：

ch＝getchar( )；

其中,ch 为字符型变量,getchar( )从终端接收一个字符后（当用户输入多个字符时,该函数仅接收第一个字符）,然后赋值给 ch。

【例 2-8】　分析以下程序的运行结果,注意 getchar()与 putchar()的使用。

```c
#include<stdio.h>
int main( )
{
    char ch1,ch2,ch3;
    ch1＝getchar();
    ch2＝getchar();
    ch3＝getchar();
    putchar(ch1);
    putchar('\n');
    putchar(ch2);
    putchar('\n');
    putchar(ch3);
    putchar('\n');
    return 0;
}
```

程序输入及程序运行结果：

ok↙

```
ok
o
k
Press any key to continue.
```

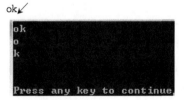

　　知识小贴士

（1）getchar()输入函数与 putchar()输出函数只能处理单个字符（即一次只能接收/输出一个字符）,回车也是一个普通字符,在上述程序中接收存储在变量 ch3 中。

（2）在输入字符时不需要加单引号,直接输入字符。

（3）输入函数 getchar()与输出函数 putchar()的区别是,getchar()函数没有参数,函数的值就是接收的一个字符。

2.8 格式输入与输出

2.8.1 printf( )函数

printf( )函数向标准输出设备输出数据,有两种调用方式:

函数调用方式1:

    printf("字符串");

功能:将引号内的字符串直接原样输出;

函数调用方式2:

    printf("格式控制",输出项列表);

功能:将输出项列表的值,按格式控制向输出设备输出。

【例2-9】 分析以下程序的运行结果,注意 printf( )函数的输出。

```
#include<stdio.h>
int main()
{
    printf("输出值为:");              //双引号内的字符串直接原样输出
    printf("%d,%c,%d\n",65,65,'A'+1); /*"输入项列表"中的第一个"65"按"格式控
                                         制"内的第一个格式字符"%d"格式输出,其余
                                         依次对应按格式控制输出,"格式控制"内的普
                                         通字符和逗号原样输出。*/

}
```

程序运行结果:

```
输出值为:65,A,66
Press any key to continue
```

知识小贴士

1.格式控制

"格式控制"是用双引号引起来的格式字符串,也称为"转换控制字符串"。其中包括两种字符,一种是格式控制字符,一种是普通字符。

①格式控制字符用来进行格式说明,作用是将输出的数据转化为指定的格式输出。格式字符以"%"字符开头,其中"格式控制"中转义字符按转义后输出。

②普通字符,即原样输出的字符。

2.输出项列表

输出项列表中列出的是要进行输出的数据,可以是变量或表达式,多个输出项之间用逗号来分隔。

①输出项列表中的输出个数必须与格式控制字符的个数相同,否则会显示输出异常。

②输出项列表中的数据处理顺序都是从右至左的,输出时仍按各数据原有次序显示在屏幕上。

1. printf 函数格式字符

格式字符用以指定表达式的输出类型和输出结果,见表 2-7。

表 2-7　　　　　　　　　　　格式字符说明

格式字符	输出类型	举　例	输出结果
d(或 i)	十进制整数	int a = 255；　printf("%d",a);	255
u	不带符号的十进制整数	int a = 65；　printf("%u",a);	65
o	八进制整数	int a = 65；　printf("%o",a);	101
x(或 X)	十六进制整数	int a = 255；　printf("%x",a);	ff
c	单个字符	int a = 65；　printf("%c",a);	A
s	字符串	char str[ ] = "study c"; printf("%s", str);	study c
e(或 E)	指数形式的浮点数	float a =123.5f；　printf("%e", a);	1.235000e+002
f	小数形式的浮点数	float a =123.5f；　printf("%f", a);	123.500000
g(或 G)	e 和 f 较短的一种,不输出无效 0	float a =123.5f；　printf("%g", a);	123.5
%	百分号本身	printf("%%");	%

2. printf 函数格式修饰中附加修饰字符

对不同类型的数据用不同的格式字符。常用的有以下几种字符:

(1)d 格式符,用来输出十进制整数。

①%d,按整数数据的实际长度输出。

②%md,m 为指定输出的宽度。若 m<=数据的实际位数,按实际宽度输出;若 m>数据的实际位数,则右对齐,左补空格(+m 为右对齐)。

③%-md,m 为指定输出的宽度。若 m<=数据的实际位数,则按实际宽度输出;若 m>数据的实际位数,则左对齐,右补空格(-m 为左对齐)。

④%0d,指定输出结果左边的空位是否用 0 填补(有此项则空位以 0 填补,无此项则空位仍用空格填补)。

⑤%ld,输出长整型数据。

【例 2-10】　分析以下程序的运行结果,注意 printf( )函数的输出。

```
#include <stdio.h>
int main()
{
    int a=15;
    printf("%d,%o,%x\n", a, a, a);
    printf("%5d\n",a);
    printf("%05d\n",a);
    return 0;
}
```

程序运行结果：

```
15,17,f
   15
00015
Press any key to continue
```

（2）f 格式符，用来输出实数（float,double），以小数形式输出。

①%f，不指定字段的宽度，由系统自动设定，整数部分全部如数输出，小数部分输出6 位（%f 精度缺省值为6）。单精度的有效位数一般为7 位。

②%m. nf，指定输出的数据共占 m 列，其中有 n 位小数。若 m<=实际位数，按实际宽度；若 m>实际位数，左补空格。

③%-m. nf，指定输出的数据共占 m 列，其中有 n 位小数。若 m<=实际位数，按实际宽度；若 m>实际位数，右补空格。

【例 2-11】 分析以下程序的运行结果，注意 printf（）函数的输出。

```c
# include <stdio.h>
int main()
{
    float x;
    x=12345.678910;
    printf("%f\n",x);
    printf("%11.9f\n",x);
    printf("%11.2f\n",x);
    return 0;
}
```

程序运行结果：

```
12345.678711
12345.678710938
   12345.68
Press any key to continue
```

2.8.2 scanf（ ）函数

与数据格式化输出函数 printf（）相对应的是数据格式化输入函数 scanf（ ），scanf（ ）函数一般格式如下：

scanf（"格式控制"，输入项地址列表）；

功能：scanf（ ）函数是通过键盘把数据送入参数指定的内存地址空间中。

例如：

int a, b;

scanf("%d %d", &a, &b);

就是通过键盘把数据送入变量 a、b 所在的内存地址空间中，即通过键盘给变量 a、b赋值。

1. scanf 函数格式字符

scanf（ ）的格式控制有两种：格式控制字符和普通字符。

（1）格式控制字符，见表 2-8。

表 2-8　　　　　　　　　　　　格式控制字符

格式字符	输入形式
d(或 i)	十进制整数
u	不带符号的十进制整数
o	八进制整数
x(或 X)	十六进制整数
c	单个字符
s	字符串，输入时以非空白字符开始，以第一个空白字符结束，系统为字符串添加结束标志"\0"
f	小数形式的浮点数

（2）普通字符

格式控制中除格式控制字符之外的字符是普通字符。在格式串中如果有分号、逗号、字母等普通字符，则运行程序输入数据时必须将普通字符原样输入，才能保证数据正确输入。

【例 2-12】　scanf("%d,%d,%d",&a,&b,&c);

　　　　　　应当输入 3,4,5；不能输入 3 4 5。

【例 2-13】　scanf("%d:%d:%d",&h,&m,&s);

　　　　　　应当输入 12:23:36。

【例 2-14】　scanf("x,y,z=%d%d%d",&x,&y,&z);

　　　　　　应当输入：x,y,z=10　20　30。

●知识小贴士　● ● ● ● ● ● ● ● ● ● ● ● ● ● ● ●

　　①在"格式控制"字符串中除格式说明以外还有其他字符，则在输入数据时在对应位置应当输入与这些字符相同的字符。正常情况下格式控制中不应加入多余的字符。

　　②在输入数据时，遇到下面情况认为该数据结束。

　　一是，遇到空格，或按"回车"键或"跳格"(Tab)键。

　　二是，按指定的宽度结束。

　　三是，遇到非法字符的输入。

【例 2-15】

int x,y,z;

scanf("%d%d%d",&x,&y,&z);

输入：12　34 (Tab) 56↙，即 x=12,y=34,z=56。

2. 输入项地址列表

scanf 函数中"输入项地址列表"应当是变量地址,变量地址的表示方式:& 变量名,其中"&"为取址运算符。

【例 2-16】 scanf("%d,%d",&a,&b); //在变量 a,b 前须加取地址运算符:&。

●知识小贴士

①在"输入项地址列表"一定要使用变量地址,而不应是变量名,否则编译器会提示出现错误。当出现多个变量地址时,变量地址之间用","分隔。

②格式控制字符必须含有与输入项一一对应的格式说明符,输入项类型必须匹配;若格式说明符与输入项类型不一一对应,则不能正确输入,而且编译时不会报错。

【例 2-17】 分析以下程序的运行结果,注意 scanf( )函数的输入。

```c
# include <stdio.h>
int main( )
{
    int a;
    float b;
    char ch1;
    scanf("%d,%f,%c", &a,&b,&ch1);
    printf("a=%d,b=%f,ch1=%c\n",a,b,ch1);
    return 0;
}
```

程序输入及程序运行结果:

10,3.15,A↙

```
10,3.15,A
a=10,b=3.150000,ch1=A
Press any key to continue_
```

【例 2-18】 从键盘随机输入三个整数,输出这 3 个整数及它们的平均值。

分析 输入三个整数求平均值,平均值存在小数情况,应定义为 float。

```c
# include <stdio.h>
int main( )
{
    int a,b,c;
    float average;
    printf("请随机输入三个整数:\n ");
    scanf("%d%d%d",&a,&b,&c);
    printf("a=%d,b=%d,c=%d\n", a,b,c);
    average=(a+b+c)/3.0;
```

```
    printf("average= %.2f\n", average);
    return 0;
}
```

程序输入及程序运行结果：

请随机输入三个整数：

3↙

4↙

5↙

```
请随机输入三个整数：
3
4
5
a=3,b=4,c=5
average=4.00
Press any key to continue
```

【例 2-19】　从键盘输入三角形的三边，然后计算面积，输出面积时保留两位小数。

分析　假设三角形的三边长为 a、b、c，则面积公式为 area＝sqrt((s－a) * (s－b) * (s－c) * s)，其中 s＝(a+b+c)/2，从输入设备接收到三边后即可通过上述公式求解。

```
# include <stdio.h>
# include <math.h>      //由于用到了数学函数 sqrt( )，因此需要包含头文件 math.h。
int main( )
{
    float a, b, c,s, area;
    printf("请输入三边：");
    scanf("%f, %f, %f", &a, &b, &c);
    s=(a+b+c)/2;
    area=sqrt((s－a) * (s－b) * (s－c) * s);       //sqrt()是求算术平方根的函数
    printf("area= %.2f\n", area);
    return 0;
}
```

程序输入及程序运行结果：

请输入三边：3.0,4.0,5.0↙

```
请输入三边：3.0,4.0,5.0
area=6.00
Press any key to continue
```

【例 2-20】　输入摄氏温度 c 的值，计算华氏温度 f 的值。

分析　摄氏温度转华氏温度计算公式为：f＝9 * c/5＋32，只要给定 c 的值，即可通过上述公式求得华氏温度 f 的值。

```
# include <stdio.h>
int main( )
{
    float c,f;
    printf("请输入摄氏温度 c：");
    scanf("%f",&c);
```

```
        f＝9＊c/5＋32；
        printf("华氏温度 f＝％.2f\n", f)；
        return 0；
}
```

程序输入及程序运行结果：

请输入摄氏温度 c:37↙

```
请输入摄氏温度c: 37
华氏温度f=98.60
Press any key to continue_
```

2.9 运算符与表达式

C语言的运算符非常丰富，除了控制语句和输入/输出以外，几乎所有的基本操作都作为运算符处理。参加运算的数据称为运算量或操作数。用运算符将运算量连接起来的符合C语言语法规则的式子称为运算表达式，简称表达式。C语言运算符的分类见表2-9。

表 2-9   C语言运算符的分类

运算符类型	运算符
算术运算符	＋、－、＊、/、％、＋＋、－－
关系运算符	＞、＜、＝＝、＞＝、＜＝、！＝
逻辑运算符	！、&&、||
位运算符	＜＜、＞＞、~、|、^、&
赋值运算符	＝及其复合赋值运算符
条件运算符	?:
逗号运算符	,
指针运算符	＊、&
字节运算符	sizeof
特殊运算符	()、[]、->、.

2.9.1 赋值运算符与赋值表达式

赋值运算符（＝）用于赋值运算，是C语言中最基本的运算符，分为基本赋值运算、复合赋值运算、多重赋值运算三种形式，下面简单介绍一下前两种形式。由"＝"连接的式子称为赋值表达式。

1.基本赋值运算

基本赋值运算格式如下：

变量＝表达式；

功能:将右侧表达式的值赋给左侧变量。右侧可以是任意一个合法的 C 语言表达式,包括常量或另外一个赋值表达式,但左侧必须是一个变量,不可以是常量或表达式。

【例 2-21】　x=5 与 y=z=10 均为合法赋值表达式;5=10 与 x+y=15 均为不合法赋值表达式。

ANSI C 标准规定,赋值运算符的优先级低于算术运算符、关系运算符和逻辑运算符,其结合性为右结合。

【例 2-22】　假设变量 x 为整型,计算以下各赋值表达式的值。

①x=y=5

②x=15-(y=10)

③x=15-(y=10)/(z=5)

```
#include <stdio.h>
int main( )
{
    int x,y,z;
    x=y=5;        //5 赋值给 y,y 的值为 5,y 再赋值给 x,x 的值为 5
    printf("x=%d\n",x);
    x=15-(y=10);        //10 赋值给 y,15 减 y 的值赋值给 x,x 的值为 5
    printf("x=%d\n",x);
    x=15-(y=10)/(z=5);        /* 先计算(y=10)/(z=5),y 的值为 10,z 的值为 5,再计算 10/
                               5,结果为 2,最后 15-2 的值赋值给 x,x 的值为 13 */
    printf("x=%d\n",x);
    return 0;
}
```

程序运行结果:

```
x=5
x=5
x=13
Press any key to continue
```

2.复合赋值运算

在赋值运算符"="之前可以加算术运算符或移位运算符构成复合赋值运算符,一般格式为:

变量 双目运算符=表达式;

等价于:

变量=变量 运算符 表达式;

对复合的赋值表达式求值时,先将该运算符右侧的操作数与左侧的变量进行指定的复合运算,然后将计算结果赋值给左侧的变量,并作为该赋值表达式的值。复合赋值运算符的优先级与基本赋值运算相同,也是右结合。具体形式见表 2-10。

表 2-10   **复合赋值运算符**

运算符	名称	例子	等价形式
+=	加法赋值	a+=10;	a=a+10;
		a+=b;	a=a+b;
-=	减法赋值	a-=10;	a=a-10;
		a-=b;	a=a-b;
*=	乘法赋值	a*=10;	a=a*10;
		a*=b;	a=a*b;
/=	除法赋值	a/=10;	a=a/10;
		a/=b;	a=a/b;
%=	取余赋值	a%=10;	a=a%10;
		a%=b;	a=a%b;

【例 2-23】 假设整型变量 x=5,y=10,计算以下各赋值表达式的值。

①x+=5

②x*=y/=y-x

③x+=x-=y%3

程序代码一：

```c
#include <stdio.h>
int main( )
{
    int x,y;
    x=5,y=10;
    printf("x= %d\n",x+=5);          // x+=5 等价于 x=x+5;
    x=5,y=10;
    printf("x= %d\n",x*=y/=y-x);     /* 首先将表达式 y-x 的值与变量 y 的值相除,然后
                                        将结果 2 与 x 相乘 */
    x=5,y=10;
    printf("x= %d\n",x+=x-=y%3);     /* 首先将表达式 y%3 的值与变量 x 的值相减,然后
                                        将结果 4 与 x 相加 */
    return 0;
}
```

程序运行结果：

```
x=10
x=10
x=8
Press any key to continue_
```

程序代码二：

```c
#include <stdio.h>
int main( )
```

```
{
    int x=5,y=10;
    printf("%d,%d,%d\n",x+=5,x*=y/=y-x,x+=x-=y%3);//右结合,从右至左计算
    return 0;
}
```

程序运行结果:

```
45,40,8
Press any key to continue_
```

2.9.2 算术运算符和算术表达式

算术运算符用于各类数值运算,包括加(+)、减(-)、乘(*)、除(/)、求余(%)、自增(++)、自减(--)等。由算术运算符和括号将操作数连接起来的式子就称为算术表达式。

1.算术运算符

具体形式见表 2-11。

表 2-11 算术运算符

符号	功能	操作数	运算实例	运算结果	优先级	结合性	备注
+	单目正	1	+1	+1	最高	从右至左	
-	单目负	1	-(-1)	1			
*	乘法	2	2*2	4	较低	从左至右	
/	除法	2	12/5	2			整数除法
			12.5/5	2.5			浮点数除法
			11%5	1			
%	求余	2	11%(-5)	1			
			(-11)%5	-1			
+	加法	2	5+1	6	最低	从左至右	
-	减法	2	5-1	4			

C 语言规定了进行表达式求值过程中,各运算符的优先级和结合性。

(1)C 语言规定了运算符的优先级和结合性。在表达式求值时,先按运算符的"优先级别"高低次序执行。如表达式:a-b*c 等同于 a-(b*c),"*"运算符优先级高于"-"运算符。

(2)如果在一个运算对象两侧的运算符的优先级别相同,则按规定的"结合方向"处理。

左结合性(自左向右结合方向):运算对象先与左侧的运算符结合。

右结合性(自右向左结合方向):运算对象先与右侧的运算符结合。

(3)在书写含有多个运算符的表达式时,应当注意各个运算符的优先级,确保表达式中的运算符能以正确的顺序参与运算。对于复杂表达式为了清晰起见可以加小括号"()"

强制规定计算顺序。在算术表达式中,可使用多层圆括号,但左、右括号必须配对。运算时从内层小括号开始,由内向外依次计算表达式的值。

【例 2-24】 分析以下程序的运行结果,注意/(除)和%(取余)运算符。

```
# include <stdio.h>
int main( )
{
    printf("%d,%d\n",-3*2-1+3,-(3*2-1+3));
    printf("%d,%d\n",20/7,-20/7);
    printf("%f,%f\n",20.0/7,-20.0/7);
    printf("%d\n",100%3);
    return 0;
}
```

程序运行结果:

```
-4,-8
2,-2
2.857143,-2.857143
1
Press any key to continue
```

● 知识小贴士 ●

①在使用算术运算符时,两个操作数都为整型时运算结果就是整型;如果有一个实型操作数参与运算,那么结果就为 double 类型。

②取余运算要求参与运算的量均为整型,运算的结果等于两数相除后的余数。

2. 自增和自减运算符

C语言中对变量进行加 1 或减 1 是一种常见的操作。为此,C 语言提供了自增运算符"++",自减运算符"--",两种运算符都是单目运算符,具有右结合性。自增运算符"++"表示操作数加 1,自减运算符"--"表示操作数减 1。

自增运算符"++"和自减运算符"--"有前缀运算和后缀运算之分,当"++"号或"--"号放在变量前面时称为前缀运算,放在变量后面时称为后缀运算。例如:

++i,--i   //前缀运算:在使用 i 之前,先使 i 的值自增(或自减)1

i++,i--   //后缀运算:在使用 i 之后,再使 i 的值自增(或自减)1

自增、自减运算符,具体形式见表 2-12。

设有变量定义语句:int n=3;

表 2-12   自增、自减运算符

语句	等价的语句	执行该语句后 m 的值	执行该语句后 n 的值
m=++n	n=n+1 m=n	4	4

（续表）

语句	等价的语句	执行该语句后 m 的值	执行该语句后 n 的值
m＝－－n	n＝n－1 m＝n	2	2
m＝n＋＋	m＝n n＋1	3	4
m＝n－－	m＝n n＝n－1	3	2
m＝－n＋＋	m＝－(n＋＋)	－3	4

m＝－n＋＋ 这一行右侧说明：单目运算，自加（＋＋）与负号（－）同级，运算对象 n 先与右边的 ＋＋结合，再与左边的－结合

【例 2-25】 分析以下程序的运行结果，注意自增、自减运算符。

```c
# include <stdio.h>
int main( )
{
    int i＝5;
    printf("i＝%d\n",＋＋i);        //i 本身先加 1 再参与运算
    printf("i＝%d\n",－－i);        //i 本身先减 1 再参与运算
    printf("i＝%d\n",i＋＋);        //i 本身先参与运算,再加 1
    printf("i＝%d\n",i－－);        //i 本身先参与运算,再减 1
    printf("i＝%d\n",－i＋＋);      /* 即－(i＋＋),先与"－"结合赋值 i 输出,然后再与
                                      "＋＋"结合 */
    printf("i＝%d\n",－i－－);      /* 即－(i－－),先与"－"结合赋值 i 输出,然后再与
                                      "－－"结合 */
    return 0;
}
```

程序运行结果：

```
i=6
i=5
i=5
i=6
i=-5
i=-6
Press any key to continue
```

2.9.3　关系运算符

关系运算实际上就是比较运算，将给定的两个运算对象进行比较，判断比较的结果是否符合给定的条件，若符合条件为"真"，否则为"假"。关系运算符为双目运算符，具有左结合性。

由关系运算符和其他表达式连接起来的式子称为关系表达式,具体构成格式如下:

表达式　关系运算符　表达式

其中的表达式主要是算术表达式,也可以是字符型数据或关系表达式、逻辑表达式、条件表达式、赋值表达式、逗号表达式等。关系表达式的值为逻辑值,逻辑值有 true(用整数 1 表示)和 false(用整数 0 表示)两种表示方式。

关系运算符及其优先级见表 2-13。

表 2-13　　　　　　　　　　　关系运算符及其优先级

运算符	对应的数学符号	名称	例子	值	优先级
<	<	小于	2 > 6	0 (false)	
>	>	大于	9 >= 5	1 (true)	
<=	≤	小于等于	6 < 9	1 (true)	高
>=	≥	大于等于	5 <= 5	1 (true)	
==	=	等于	7 == 5	0 (false)	
!=	≠	不等于	6 != 5	1 (true)	低

●知识小贴士 ●

(1)关系运算符的写法与数学上的写法不同,在运用时注意区分。

(2)关系运算符的优先级比算术运算符低,比赋值运算符高。

【例 2-26】 假设整型变量 a=3,b=4,c=5,以下各算术运算表达式的值为:

(1)"a>b"的值为:false(0)。因为 3 不大于 4,即为 false(0)。

(2)"(a>b)!=c"的值为:true(1)。因为"a>b"的值为 false(0),而 0 不等于 5,所以该关系表达式成立,即为 true(1)。

(3)"a<b<c"的值为:true(1)。因为"a<b"的值为 true(1),而 1 小于 5 成立,所以该关系表达式成立,即为 true(1)。

(4)"(a<b)+c"的值为:6。因为"a<b"的值为 true(1),所以 1+5=6。

【例 2-27】 分析以下程序的运行结果,注意关系运算符的运用。

```
# include <stdio.h>
int main( )
{
    int a,b,c;
    a=3;
    b=4;
    c=5;
    printf("%d\n",a>b);
    printf("%d\n",(a>b)!=c);
```

```
    printf("%d\n",a<b<c);
    printf("%d\n",(a<b)+c);
    return 0;
}
```

程序运行结果：

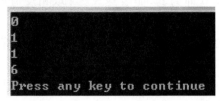

2.9.4　逻辑运算符及逻辑表达式

1.逻辑运算符

逻辑运算符根据表达式的真或假属性返回真值或假值。在 C 语言中,表达式的值非零,那么其值为真。非零的值用于逻辑运算,则等价于 1。逻辑运算符的说明见表 2-14。

表 2-14　　　　　　　　　　　　　　　逻辑运算符

逻辑运算符	名称	举例	运算功能	优先级
!	逻辑非(单目)	!x	求 x 的非	高
&&	逻辑与(双目)	x&&y	求 x,y 的与	中
||	逻辑或(双目)	x||y	求 x,y 的或	低

逻辑运算符其运算规则与数学中的定义相同,逻辑运算真值表见表 2-15。

表 2-15　　　　　　　　　　　　　逻辑运算真值表

a	b	!a	!b	a&&b	a||b
非 0	非 0	0	0	1	1
非 0	0	0	1	0	1
0	非 0	1	0	0	1
0	0	1	1	0	0

(1)对于逻辑与运算,当 a 和 b 同时为真时,a&&b 的值为真,否则为假(有假必假);

(2)对于逻辑或运算,当 a 和 b 同时为假时,a||b 的值为假,否则为真(一真一假为真);

(3)对于逻辑非运算,就是对操作数进行取反操作。

逻辑运算符中 && 和||的优先级低于关系运算符,!的优先级高于算术运算符。

2.逻辑表达式

用逻辑运算符和小括号将操作数连接起来的、符合 C 语言规则的式子称为逻辑表达式。具体构成规则如下:

单目逻辑运算符　表达式

或

表达式　双目逻辑运算符　表达式

其中,表达式主要是关系表达式,也可以是字符型或算术表达式、条件表达式、赋值表达式以及逗号表达式等。

【例 2-28】 假设整型变量 x＝5,y＝10,z＝15,以下各逻辑表达式的值为:

(1)！x 的值为 0。因为根据 C 语言规定,非 0 即为真,而表达式！x 取相反值即为假,所以表达式返回 0。

(2) x&&y 的值为 1。因为操作数 x 与 y 的值都是非 0,根据运算符 && 的运算规则,x&&y 计算结果为真,所以表达式返回 1。

(3)！x‖y＜z 的值为 1,因为！x 的值为 0，y＜z 的值为 1,根据运算符‖的运算规则,！x‖y＜z 计算结果为真,所以表达式返回 1。

● 知识小贴士 ● ● ● ● ● ● ● ● ● ● ● ● ● ● ● ● ●

(1)逻辑与、逻辑或具有左结合性,即由左向右计算各表达式的值。在与关系运算符、算术运算符结合时其优先级如图 2-2 所示。

！(非)	(高)
算术运算符	
关系运算符	
&& 和‖	
赋值运算符	(低)

图 2-2　逻辑运算符与其他运算符优先级

(2)在求逻辑表达式时,并不是所有逻辑运算符都要被执行,当表达式的运算结果能够确定时,运算过程将立即终止,后面的部分将不予执行。这种现象称为逻辑运算符的短路现象,也称为懒惰求值法。

【例 2-29】 分析以下程序的运行结果,注意逻辑运算符的运用。

```c
#include <stdio.h>
int main()
{
    int x,y,z;
    x=5; y=10;z=15;
    printf("%d\n",!(x-5));              //x-5值为0,逻辑非取相反值,返回值为1
    printf("%d\n",!x&&x<y&&y<z&&x>z%y); /*!x&&x<y&&y<z&&x>z%y等价于(!x)
                                        &&(x<y)&&(y<z)&&(x>(z%y)),!x值
                                        为假,根据运算符 && 的运算规则"有假必
                                        假",再根据逻辑运算懒惰求值法,不需要
                                        计算后面表达式的值就可知道整个表达式
                                        的值为假,返回值为0*/
    return 0;
}
```

程序运行结果：

```
1
0
Press any key to continue_
```

【例 2-30】　写出满足下列要求的合法的 C 语言逻辑表达式。

①用 x 表示 0~9 的字符；

②x 和 y 都是大于 0 的数；

③判断 x 的取值范围是 40~100 之间，即：40≤x≤100；

④判断某一年是否为闰年（能被 4 整除而不能被 100 整除或能被 400 整除）。

满足以上条件的 C 语言合法逻辑表达式如下：

①x>=48&&x<=57；

②x>0&&y>0；

③x>=40&&x<=100；

④year％4==0 && year％100！=0 || year％400==0。

2.9.5　条件运算符及条件表达式

条件运算符(?:)是 C 语言中唯一的一个三目运算符，其目的是进行条件判断。条件运算符的一般格式为：

表达式 1? 表达式 2:表达式 3

功能：如果"表达式 1"的值为非 0（即逻辑真），则运算结果等于"表达式 2"的值；否则，运算结果等于"表达式 3"的值，如图 2-3 所示。

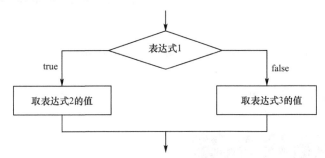

图 2-3　条件运算符运算流程图

【例 2-31】　用 C 语言条件运算符编写程序：判断并输出用户输入的整数是奇数还是偶数。

```c
#include <stdio.h>
int main()
{
    int n;
    printf("请输入一个整数 n:");
    scanf("%d",&n);
    printf("整数%d 是一个:%s\n",n,(n%2==0 ? "偶数":"奇数"));
```

```
    return 0;
}
```

程序输入及程序运行结果：

请输入一个整数 n:666↙

```
请输入一个整数n:666
整数666是一个:偶数
Press any key to continue
```

【例 2-32】 输入一个字母,如果该字母是大写字母,则将其转换为小写字母输出,否则直接输出。

```
#include <stdio.h>
void main()
{
    char ch;
    ch=getchar();
    ch=(ch>='A'&&ch<='Z')? ch+32:ch;    /*先判断是否为大写字母,如果是大写字母执行
                                          表达式2,赋值给ch;否则执行表达式3赋值
                                          给ch*/
    putchar(ch);
    putchar('\n');
}
```

程序输入及程序运行结果：

A↙

```
A
a
Press any key to continue
```

2.9.6 逗号运算符及逗号表达式

在 C 语言中,逗号","也可以作为运算符,即逗号运算符,也可称为顺序求值运算符。通过逗号运算符可以将多个表达式连接起来,构成逗号表达式,其一般形式为：

表达式 1,表达式 2,表达式 3,…,表达式 n;

功能:逗号表达式的运算过程是分别求各个表达式的值,并以最后一个表达式的值作为整个逗号表达式的值。

【例 2-33】　分析以下程序的运行结果,注意逗号运算符的运用。

```c
# include <stdio.h>
int main()
{
    int a=1,b=2,c=3,x,y,z;
    z=((x=a+b),(y=b+c),(a+b+c));  //(a+b+c)的值赋值给 z
    printf("x= % d\ny= % d\nz= % d\n",x,y,z);
    return 0;
}
```

程序运行结果:

```
x=3
y=5
z=6
Press any key to continue
```

2.9.7　位运算符与位表达式

位运算是指按二进制进行的运算。在系统软件中,常常需要处理二进制位的问题。C 语言提供了 6 个位运算符。这些运算符只能用于整型操作数,即只能用于带符号或无符号的 char、short、int 与 long 类型。位运算符见表 2-16。

表 2-16　　位运算符

运算符	名称	功能	优先级
~	位逻辑非	单目运算符,用来对一个二进制数按位取反,即将 0 变 1,将 1 变 0	高
&	位逻辑与	如果两个相应的二进制位都为 1,则该位的结果值为 1,否则为 0	
^	位逻辑异或	如果参加运算的两个二进制位值不同,则该位的结果为 1;如果两个二进制位值相同则该位的结果为 0	
		位逻辑或	两个相应的二进制位中只要有一个为 1,该位的结果值为 1	低
<<	位左移	将一个数的各二进制位全部左移 N 位,右补 0	高于关系运算
>>	位右移	将一个数的各二进制位全部右移 N 位,移到右端的低位被舍弃,对于无符号数,高位补 0	低于算术运算

位运算真值表见表 2-17。

表 2-17　　位运算真值表

a	b	~a	~b	a&b	a|b	a^b
0	0	1	1	0	0	0
0	1	1	0	0	1	1
1	0	0	1	0	1	1
1	1	0	0	1	1	0

【例 2-34】 分析以下程序的运行结果,注意位运算符与位运算表达式的运用。

```
#include<stdio.h>
int main()
{
    int a=0X5,b=0X6;           //分别将 0X5,0X6 转换成二进制:00000101,00000110
    printf("%d,%d\n",~a,~b);   //取 a,b 相反值后以十进制输入
    printf("%d\n",a&b);        //参与运算后以十进制形式输出
    printf("%d\n",a|b);
    printf("%d\n",a^b);
    return 0;
}
```

程序运行结果:

```
-6,-7
4
7
3
Press any key to continue
```

2.9.8　sizeof 运算符及 sizeof 表达式

在 C 语言中 sizeof 是一种单目运算符,将 sizeof 运算符与操作数组合在一起构成的式子称为 sizeof 表达式,其一般形式为:

sizeof(表达式);

或

sizeof(数据类型名称);

功能:用于求一个数据或数据类型在内存中所占空间的字节数。具体运用见 2.2 数据类型例 2-1。

2.10　强制类型转换运算符

很多情况下,在进行某种数值运算的过程中,会对操作数的数据类型进行类型转换,有些转换由系统自动进行,有些转换由程序员人为指定。对于系统自动进行的类型转换通常要遵循一定的转换规则。

相同类型数据的运算结果,还是该类型。不同类型数据的运算结果,是两种类型中取值范围大的那种,其范围大小顺序为:long double ＞ double ＞ float ＞ long ＞ int ＞ short ＞ char。

1. 自动类型转换

自动类型转换发生在不同数据类型的量混合运算时,由编译系统自动完成。自动转换遵循以下规则:

(1)若参与运算量的类型不同,则先转换成同一类型,然后进行运算。

（2）转换按数据长度增加的方向进行，以保证精度不降低。如 int 型和 long 型运算时，先把 int 型转成 long 型后再进行运算。

（3）所有的浮点型运算都是以双精度进行的，即使仅含有 float 单精度量运算的表达式，也要先转换成 double 型，再进行运算。

（4）char 型和 short 型参与运算时，必须先转换成 int 型。

（5）取值范围小的类型赋值给取值范围大的类型是安全的。反之是不安全的（溢出）。

【例 2-35】　分析以下程序的运行结果，注意数据类型转换的过程。

```c
#include<stdio.h>
int main()
{
    int a=10;
    float b=5.0;
    printf("%f\n",a/b);
    return 0;
}
```

程序运行结果：

```
2.000000
Press any key to continue
```

2. 强制类型转换

除赋值转换外，系统自动进行的数据类型转换都是低精度类型向高精度类型的转换，如果需要将高精度类型的数值转换为低精度类型，必须由程序员人为指定，即强制转换。因此，强制类型转换需指定转换后的数据类型。强制类型转换的一般形式如下：

（类型说明符）（表达式）

功能：是把表达式的值的数据类型强制转换成类型说明符所指定的类型。例如，(float) a 表示将变量 a 转换成 float 型；而(int)(x+y)表示将表达式"x+y"的值转换成 int 型。

【例 2-36】　分析以下程序的运行结果，注意数据类型转换的过程。

```c
#include<stdio.h>
int main()
{
    float f=1.23;
    printf("f=%d\n",(int)f); //将 f 临时强制转换成整型,离开本行 f 还是单精度浮点型
    printf("f=%f\n",f);
    return 0;
}
```

程序运行结果：

```
f=1
f=1.230000
Press any key to continue
```

知识小贴士

(1)强制类型转换的过程中有可能造成信息的丢失。

(2)如果被转换的数值在指定的结果类型中无法表示,那么虽然符合C语言的语法,这种转换也是没有意义的。

(3)无论是强制转换还是自动转换,都只是为了本次运算的需要而对变量的数据长度进行的临时性转换,而不改变数据说明时对该变量定义的类型,即原变量不会发生任何变化。

(4)C语言将强制转换类型符看作是单目运算符,单目运算符的优先级高于双目运算符。

2.11 本章小结

本章主要讲解了构成C语言程序的最基本要素,即字符集、标识符、关键字、数据类型、常量与变量、数据的输入/输出以及运算符和表达式等。通过该章节学习可以对C语言程序设计的基本要素有一个简单的认识。

在本章节学习中一定要注意运算符和表达式的运用。在C语言程序设计中,运算符的优先级分为15级(详见附录C),优先级较高的先于优先级较低的进行运算。如果在一个运算量两侧的运算符优先级相同,则按运算符的结合性所规定的结合方向处理。

2.10 习题练习

一、选择题

1.按照C语言规定的用户标识符命名规则,不能出现在标识符中的是(　　)。

A.大写字母　　　　　　B.下划线　　　　　　C.数字　　　　　　D.连接符

2.在C语言提供的合法的关键字是(　　)。

A.swicth　　　　　　B.cher　　　　　　C.Case　　　　　　D.default

3.在以下一组运算符中,优先级最高的运算符是(　　)。

A.<=　　　　　　　　B.=　　　　　　　　C.%　　　　　　　D.&&

4.以下选项中合法的字符常量是(　　)。

A."B"　　　　　　　　B.'\061'　　　　　　C.68　　　　　　　D.D

5.以下不符合C语言语法常量的是(　　)。

A.2.E8　　　　　　　B.-.28　　　　　　C.-028　　　　　D.2e-8

6.以下关系表达式中结果为假的是(　　)。

A.0!=1　　　　　　　　　　　　　　B.6<16

C.（a＝2＊2）＝＝2　　　　　　　　D. y＝（3＋5）＝＝8

7. 表示条件 0≤x≤100 的表达式是（　　　）。

A. 0<=x<=100　　　　　　　　　B. x>=0,x<=100

C. 0≤x≤100　　　　　　　　　　D. x>=0&&x<=100

8. 设有定义:int x＝2;以下表达式中,值不为 6 的是（　　　）。

A. x＊＝（1＋x）　　　　B. x＊＝x＋1　　　　C. x＋＋,2＊x　　　D. 2＊x,x＋＝2

9. 若 a 为 int 类型,且其值为 3,则执行完表达式 a ＋＝ a －＝ a＊a 后,a 的值是
（　　　）。

A. －3　　　　　　　　B. 9　　　　　　　　C. －12　　　　　　　D. 6

10. 设 x、y、t 均为 int 型变量,则执行语句:x＝y＝3;t ＝ ＋＋x ‖（＋＋y）;后,y 的
值为（　　　）。

A. 不定值　　　　　　B. 4　　　　　　　　C. 3　　　　　　　　D. 1

11. 若有定义:int a＝5,b＝6,c＝7,d＝8,m＝2,n＝2;则逻辑表达式（m＝a ＞ b）
&&（n ＝ c ＞ d）运算后,n 的值是（　　　）。

A. 0　　　　　　　　　B. 1　　　　　　　　C. 2　　　　　　　　D. 3

12. 若有定义:int a＝1,b＝2,c＝3;则执行表达式（a＝b＋c）‖（＋＋b）后 a,b,c 的值
依次为（　　　）。

A. 1,2,3　　　　　　　B. 5,3,3　　　　　　C. 5,3,2　　　　　　D. 5,2,3

13. 以下选项中,与 k＝n＋＋完全等价的表达式是（　　　）。

A. k＝n, n＝n＋1　　　　　　　　B. n＝n＋1, k＝n

C. k＝＋＋n　　　　　　　　　　D. k＋＝n＋1

14. 假定 x 和 y 为 double 型,则表达式 x＝2,y＝x＋3/2 的值是（　　　）。

A. 3.500000　　　　　　B. 3　　　　　　　　C. 2.000000　　　D. 3.000000

15. 设 a 和 b 均为 double 型常量,且 a＝5.5、b＝2.5,则表达式（int）a＋b/b 的值是
（　　　）。

A. 6.500000　　　　　　B. 6　　　　　　　　C. 5.500000　　　　D. 6.000000

16. 已有定义:int x＝3, y＝4, z＝5;则表达式!（x＋y）＋ z－1 && y ＋ z/2 的值
是（　　　）。

A. 6　　　　　　　　　　B. 0　　　　　　　　C. 2　　　　　　　　D. 1

17. 以下合法的赋值语句是（　　　）。

A. x＝y＝100　　　　B. d－－　　　　　　C. x＋y　　　　　　D. c＝int（a＋b）

18. 若有表达式（w）?（－－x）:（＋＋y）,则下列与 w 等价的表达式是（　　　）。

A. w＝＝1　　　　B. w＝＝0　　　　　C. w!＝1　　　　D. w! ＝0

19. 设 x、y 均为整型变量,且 x＝10, y＝3,则以下语句 printf("%d,%d\n",x－－,
－－y);的输出结果是（　　　）。

A. 10,3　　　　　　　B. 9,3　　　　　　　C. 9,2　　　　　　　D. 10,2

20. x、y、z 被定义为 int 型变量,若从键盘给 x、y、z 输入数据,正确的输入语句是
（　　　）。

A. INPUT　x、y、z;　　　　　　　　　B. scanf("%d%d%d"，&x，&y，&z);
C. scanf("%d%d%d"，x，y，z);　　　　D. read("%d%d%d"，&x，&y，&z);

二、填空题

1.若有定义:int a=6;则执行语句 x-=x+=x%;后 x 的值是＿＿＿＿＿＿。

2.若有定义:int a=2,b=3;float x=3.5,y=2.5;则执行表达式 float(a+b)/2+
(int) x%(int)y 的值是＿＿＿＿＿＿。

3.表达式 3.5+1/2 的值为＿＿＿＿＿＿。

4 表达式 (x = 5) && 5 <= 10 值为＿＿＿＿＿＿。

5.表达式 4 > 6 || ! (3 < 7)＿＿＿＿＿＿。

三、阅读分析程序

1.程序代码:

```
# include <stdio.h>
int main( )
{
    short int n=97;
    printf("%3d, %c\n", n+1, n+1);
    return 0;
}
```

程序运行结果:＿＿＿＿＿＿＿＿＿＿

2.程序代码:

```
# include<stdio.h>
int main()
{
    int a=2,b=2,c;
    c=(a+=b*=a);
    printf("%d, %d, %d\n",a,b,c);
    return 0;
}
```

程序运行结果:＿＿＿＿＿＿＿＿＿＿

3.程序代码:

```
# include<stdio.h>
int main()
{
    int a=1,b=1,c;
    c=a++-1;
    printf("%d, %d\n",a,c);
    c+=-a+++(++b||++c);
    printf("%d, %d\n",a,c);
    return 0;
}
```

程序运行结果：＿＿＿＿＿＿＿＿＿＿＿＿

4.程序代码：

```c
#include<stdio.h>
int main()
{
    int a=023,b=0xA;
    printf("%d,%d\n",--a,++b);
    return 0;
}
```

程序运行结果：＿＿＿＿＿＿＿＿＿＿＿＿

5.程序代码：

```c
#include<stdio.h>
int main()
{
    int i=10;
    printf("%d,%d,%d,%d\n",--i,++i,i--,i++);
    return 0;
}
```

程序运行结果：＿＿＿＿＿＿＿＿＿＿＿＿

6.程序代码：

```c
#include<stdio.h>
int main()
{
    int x=5,y=6,a,b,c;
    a=(++x==y--)? x++:--y;
    b=++x;
    c=y;
    printf("%d,%d,%d\n",a,b,c);
    return 0;
}
```

程序运行结果：＿＿＿＿＿＿＿＿＿＿＿＿

7.程序代码：

```c
#include<stdio.h>
int main()
{
    int x=1,y=2,a,b,c;
    a=x&y;
    b=x|y;
    c=x^y;
    printf("%d\t%d\t%d\n",a,b,c);
```

```
    return 0;
}
```
程序运行结果：＿＿＿＿＿＿＿＿＿＿

四、程序设计题

1.从键盘随机输入 3 个整数，输出这 3 个整数的平均值。

2.从键盘随机输入一个三位数，计算并输出这个三位整数的个位、十位和百位数字以及它们的和。

3.从键盘输入一个小写英文字母，将其转换为大写字母后，再显示到屏幕上。

第3章
结构化程序设计

C语言是结构化的程序设计语言。结构化的程序通常包括数据描述和操作描述两方面的内容。数据描述是指程序中数据的类型和组织形式,即数据结构。操作描述是指程序中数据的操作方法和操作步骤,即算法。著名的瑞士计算机科学家沃思(N. Wirth)提出了"数据结构+算法=程序"公式。本章主要介绍结构化程序设计的三大控制结构:顺序结构、选择结构、循环结构。

3.1 C语言的基本语句

在前面章节我们学习了由C语言的字符集、关键字、标识符按照C语言规定的语法规则进行组织,可以构成C语言中的各种语句。C语言的语句类型如图3-1所示。

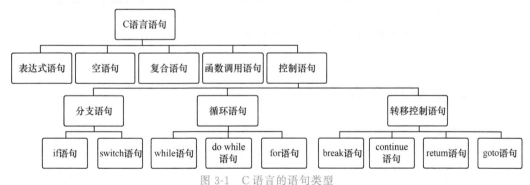

图3-1 C语言的语句类型

1.表达式语句

表达式语句即在各种表达式的后面加";",一般形式如下:

表达式;

例:x+=y;

2. 空语句

空语句即仅有一个";"的语句,空语句是不执行任何操作的语句。空语句通常起到占位的作用,在程序没有完全开发完成前,可用空语句占位,以便后续开发填充代码。

【例 3-1】

```c
# include<stdio.h>
int main( )
{
    int x=1,y=2;
    ;                          \\空语句
    printf("%d, %d\n",x,y);
    return 0;
}
```

3. 复合语句

把多个语句用大括号括起来这样组成的语句称为复合语句。在语法上,复合语句相当于单条语句,而不是多条语句。其一般形式为:

```
{
    语句 1
    ……
    语句 n
}
```

复合语句可以放在能够使用语句的任何地方,它建立一个新的作用域或块。复合语句是 C 语言中唯一不用分号";"结尾的语句(即"}"后不用";")。

4. 函数调用语句

多个函数组合在一起构成 C 语言程序,在 C 语言程序中函数之间会存在相互调用的情况,具体调用语句及调用形式请见本教材函数章节知识点。

5. 控制语句

控制语句即在程序中完成特定控制功能的语句。

3.2 顺序结构

顺序结构是结构化程序设计的三大控制结构中最简单的结构,只有一个入口一个出口,即程序中的语句从第一条至最后一条按顺序执行。

顺序结构流程图如图 3-2 所示。

【例 3-2】 输入两个整数,并进行输出。

```c
# include<stdio.h>
int main()
{
    int i,j;
```

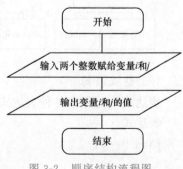

图 3-2 顺序结构流程图

```
    scanf("%d%d",&i,&j);
    printf("i=%d,j=%d\n",i,j);
    return 0;
}
```

程序输入及程序运行结果：

3 5↙

```
3 5
i=3,j=5
Press any key to continue
```

3.3　选择结构

在现实生活中,需要进行判断和选择的情况是很多的,处理这些问题,关键在于进行条件判断。由于程序处理问题的需要,在大多数程序中都会包含选择结构,需要在进行下一个操作之前先进行条件判断。

C 语言有两种选择语句：

(1)if 语句,实现两个分支的选择结构 ；

(2)switch 语句,实现多分支的选择结构。

C 语言的 if 语句有三种形式:单分支 if 语句,双分支 if 语句和多分支 if 语句。

3.3.1　单分支 if 语句

单分支 if 语句的一般形式为：

if(表达式)

{

语句组；

}

功能:如果 if 语句后面表达式的值为真(非 0)就执行表达式后的语句组,否则跳过语句组执行 if 结构后面的语句,单分支 if 语句执行流程图如图 3-3 所示。

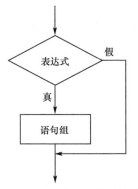

图 3-3　单分支 if 语句执行流程图

63

1.if 语句后面的表达式可以是关系表达式、逻辑表达式、数值表达式等 C 语言的合法表达式,语句结束后无需加";"。

2.if 语句仅跟它后面的第一条语句组(可以是单条语句,也可以是复合语句等)相关联。

【例 3-3】 从键盘上输入两个整数,输出其中较大的那个数。

分析 先定义两个整型变量 a、b,用于接收用户输入的两个整数,再假设 a 的值为较大值赋值给变量 max。然后将 b 与 max 比较,如果 b 大于 max,则将 b 的值赋值给 max,最后输入 max 的值即为较大那个数。

```c
#include <stdio.h>
int main( )
{
    int a,b,max;
    printf("请从键盘上输入两个整数:");
    scanf("%d,%d",&a,&b);
    max=a;
    if(b>max)
        max=b;
    printf("较大数为:%d\n",max);
    return 0;
}
```

程序输入及程序运行结果:

请从键盘上输入两个整数:3,5↙

```
请从键盘上输入两个整数:3,5
较大数为:5
Press any key to continue_
```

3.3.2 双分支 if 语句

双分支 if 语句由一条 if 子句和一条 else 子句构成,其一般形式为:

```
if(表达式)
{
    语句组1
}
else
{
    语句组2
}
```

功能：双分支 if 语句的执行过程为先判断表达式的值，如果表达式的值为真就执行语句组 1，否则执行语句组 2。双分支 if 语句执行流程图如图 3-4 所示。

【例 3-4】从键盘输入一个正整数，判断该数是奇数还是偶数。

分析　判断一个数为奇数还是偶数，关键看能否被 2 整除。如果能被 2 整数为偶数否则为奇数。判断奇偶数流程图，如图 3-5 所示。

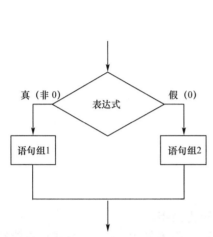

图 3-4　双分支 if 语句执行流程图

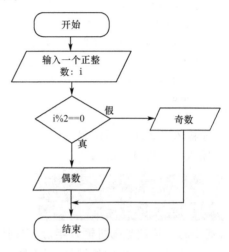

图 3-5　判断奇偶数流程图

程序代码如下：

```c
#include <stdio.h>
int main( )
{
    int i;
    printf("请输入一个正整数:");
    scanf("%d",&i);
    if(i%2==0)
        printf("%d是偶数。\n",i);
    else
        printf("%d是奇数。\n",i);
    return 0;
}
```

程序输入及程序运行结果：

请输入一个正整数:6↙

```
请输入一个正整数: 6
6是偶数。
Press any key to continue
```

【例 3-5】　假如超市苹果促销，购买小于等于 10 公斤的按 12 元/公斤计算；购买大于 10 公斤的进行打折，按 9 元/公斤计算。编写一个程序，实现输入购买斤数，输出要付款的金额。

```
#include <stdio.h>
int main()
{
    float i;                      //重量定义为浮点型
    printf("请输入购买重量:");
    scanf("%f",&i);
    if(i<=10)
        printf("付款金额为:%.2f元\n",i*12);
    else
        printf("付款金额为:%.2f元\n",i*9);
    return 0;
}
```

程序输入及程序运行结果：

请输入购买重量:12.3↙

```
请输入购买重量：12.3
付款金额为：110.70元
Press any key to continue_
```

【例 3-6】 从键盘随机输入年份,判别该年是否为闰年。

分析 年份为闰年的条件是:年份能够被 4 整除,但不能被 100 整除;或年份能够被 400 整除。例如 1996 年、2000 年是闰年;2007 年、2010 年不是闰年。

```
#include <stdio.h>
int main()
{
    int year;
    scanf("%d",&year);
    if((year%4==0&&year%100!=0)||(year%400==0))
        printf("%d 是闰年。\n",year);
    else
        printf("%d 不是闰年。\n",year);
    return 0;
}
```

程序输入及程序运行结果：

2018↙

```
2018
2018 不是闰年。
Press any key to continue
```

3.3.3 多分支 if 语句

当有多个分支选择时,可采用多分支 if 语句,其一般形式为:

```
 if（表达式 1）
{
    语句组 1
}
else if（表达式 2）
{
    语句组 2
}
……
else if（表达式 n－1）
{
    语句组 n－1
}
else
{
    语句组 n
}
```

功能：依次判断表达式的值，当出现某个表达式的值为真时，则执行其对应的语句，然后跳转到整个 if 语句之后继续执行程序；如果所有的表达式均为假，则执行 else 后的语句，即语句 n＋1。多分支 if 语句流程图如图 3-6 所示。

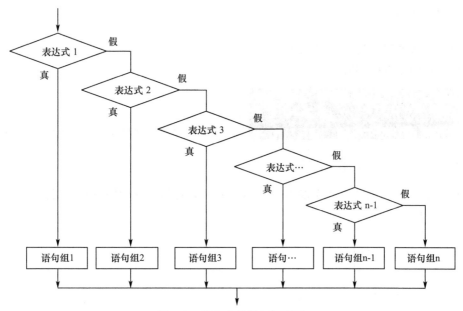

图 3-6　多分支 if 语句流程图

【例 3-7】　从键盘上输入学生的百分制成绩，要求输出对应的成绩等级。百分制成绩与成绩对应等级：大于等于 90 分为"优"；80～89 分之间为"良"；70～79 分之间为"中"；60～69 分之间为"及格"；输入成绩在 60 分以下为"不及格"。输入成绩大于 100 分或小于 0 分，提示输入错误信息。

分析　定义一个成绩变量 score，用于接收用户输入的百分制成绩，然后判断该成绩属于哪个成绩等级。

程序代码如下：

```c
#include <stdio.h>
int main()
{
    float score;
    printf("请输入学生成绩:");
    scanf("%f",&score);
    if(score>=90 && score<=100)
        printf("成绩为:优! \n");
    else if(score>=80 && score<=89)
        printf("成绩为:良! \n");
    else if(score>=70 && score<=79)
        printf("成绩为:中! \n");
    else if(score>=60 && score<=69)
        printf("成绩为:及格! \n");
    else if(score>=0 && score<=59)
        printf("成绩为:不及格! \n");
    else
        printf("输入错误信息\n");
    return 0;
}
```

程序输入及程序运行结果：

请输入学生成绩:98↙

```
请输入学生成绩:98
成绩为：优!
Press any key to continue
```

3.3.4　if 语句的嵌套

在 if 语句中又包含一个或多个 if 语句称为 if 语句的嵌套,其一般形式为:

```
if（表达式1）
{
    if（表达式2）
    {
        语句组1
    }                   if 子句内嵌 if 语句
    else
    {
        语句组2
    }
}
```

```
else
{
    if（表达式 3）
    {
        语句组 3
    }
    else
    {
        语句组 4
    }
}
```

`else 子句内嵌 if 语句`

功能：如果表达式 1 的值为真（非 0），执行 if 子句内嵌 if 语句，否则执行 else 子句内嵌 if 语句。内嵌 if 语句就是 if 子句和 else 子句的操作语句，可以是 if 单分支、双分支、多分支语句中的任意一种。

知识小贴士

在嵌套的 if 语句结构中，一定要注意 else 与 if 之间的对应关系。在 C 语言中规定的对应原则是：else 总是与它前面最近的一个尚未匹配的 if 相匹配。如：

```
if（表达式 1）
{
    if（表达式 2）
    {
        语句组 1
    }
    else   // else 与第二个 if 配对
    {
        语句组 2
    }
}
```

如果需要 else 与第一个 if 配对，则应采用下面的形式：

```
if（表达式 1）
{
    if（表达式 2）
    {
        语句组 1
    }
}       //注意此时大括号的位置
else    //else 与第一个 if 配对
{
语句组 2
}
```

【例3-8】 编写程序,输入一个 x 的值,按以下函数计算并输出 y 的值。

$$y = \begin{cases} -1, & x<0 \\ 0, & x==0 \\ 1, & x>0 \end{cases}$$

分析 该题为输入分段函数求解问题,y 的值根据 x 的取值而定,关于该题求解算法流程图如图 3-7 所示。

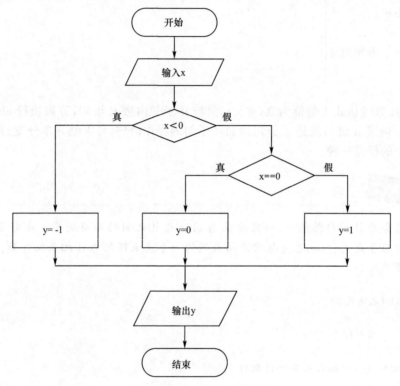

图 3-7 分段函数算法流程图

程序代码如下:

```c
#include <stdio.h>
int main()
{
    int x,y;
    printf("请输入 x 的值:");
    scanf("%d",&x);
    if(x<0)
        y=-1;
    else
        if(x==0)
            y=0;
        else
            y=1;
    printf("y=%d\n",y);
```

```
        return 0;
}
```

程序输入及程序运行结果：

请输入 x 的值：1↙

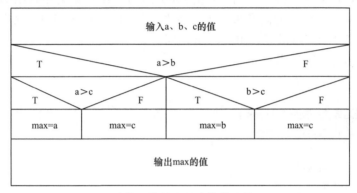

【例 3-9】 编写程序，从键盘上任意输入 3 个整数，找出其中最大值并输出。

分析 定义 4 个整型变量 a、b、c、max，其中 a、b、c 用于接收任意 3 个整数，max 用于存放最大值，其算法描述 N-s 图如图 3-8 所示。

输入a、b、c的值			
T a>b F			
T a>c F		T b>c F	
max=a	max=c	max=b	max=c
输出max的值			

图 3-8 三个数比较输出最大值算法描述 N-s 图

程序代码如下：

```c
#include <stdio.h>
int main()
{
    int a,b,c,max;
    scanf("%d%d%d",&a,&b,&c);
    if(a>b)
    {
        if(a>c)
            max=a;
        else
            max=c;
    }
    else
    {
        if(b>c)
            max=b;
        else
            max=c;
    }
```

```
        printf("max= % d\n",max);
        return 0;
}
```

程序输入及程序运行结果：

10 20 15↙

```
10 20 15
max=20
Press any key to continue
```

3.3.5 switch 语句

switch 语句是多分支选择语句,也称为开关语句。在 C 语言中,switch 语句也可以用多分支 if 语句或 if 语句的嵌套来实现。但当 if 语句的分支较多时,程序可读性较差。所以在程序有多个分支时最好选用 switch 语句。

switch 语句的一般形式：

switch (表达式)

{

case 常量表达式 1：语句 1;break ;

case 常量表达式 2：语句 2;break ;

…

case 常量表达式 n：语句 n;break ;

default :语句组 n+1 ;break ;

}

功能：首先计算 switch 后表达式的值,然后将此值与 case 后面的常量表达式的值相比较。若与某个 case 后的常量表达式的值相等,则执行该 case 后面的语句组;如果与所有 case 后的常量表达式的值都不相等,则执行 default 后的语句组,switch 语句的流程图如图 3-9 所示。

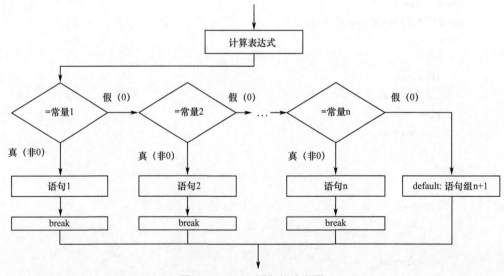

图 3-9 switch 语句的流程图

● 知识小贴士 ● ● ● ● ● ● ● ● ● ● ● ● ● ● ● ● ● ● ●

①switch 后面的表达式只能是整型、字符型或枚举型表达式,且表达式左、右两边的括号不能省略。

②case 后面的常量表达式中不允许含有变量或函数调用,且不能重复。case 和常量表达式之间一定要有空格,并且常量表达式后应有冒号。

③多个 case 可以共用一个语句块,可以不用{}括起来。

④default 通常出现在 switch 的最后部分,但这不是唯一位置。在 switch 语句体中可以没有 default。

⑤语句组的最后通常是一条"break ;"语句,如果有"break ;"语句则表示执行完该 case 分支就跳出 swtich 语句;如果没有"break ;"语句则表示执行完该 case 分支后继续执行后面的 case 分支。因此,有无"break ;"代表了 swtich 语句是否真正实现了程序的多分支结构。

【例 3-10】   输入 1～7 的整数,要求输出对应星期的英文单词。

```c
#include <stdio.h>
int main()
{
    int a;
    printf("请输入一个整数:");
    scanf("%d",&a);
    switch(a)
    {
        case 1: printf("Monday\n"); break;
        case 2: printf("Tuesday\n"); break;
        case 3: printf("Wednesday\n"); break;
        case 4: printf("Thursday\n"); break;
        case 5: printf("Friday\n"); break;
        case 6: printf("Saturday\n"); break;
        case 7: printf("Sunday\n"); break;
        default: printf("error\n");
    }
    return 0;
}
```

程序输入及程序运行结果:

请输入一个整数:5↙

```
请输入一个整数:5
Friday
Press any key to continue_
```

【例 3-11】 从键盘上输入学生的百分制成绩,要求使用 switch 语句输出对应的成绩等级。百分制成绩与成绩对应等级:大于等于 90 分为"A";80~89 分为"B";60~79 分为"C";小于 60 分为"D"。

程序代码如下:

```c
# include <stdio.h>
int main()
{
    float score;
    char ch;
    printf("请输入成绩:");
    scanf(" % f",&score);
    switch((int)(score/10.0))
    {
        case 10:
        case 9:   ch='A';break;          // case 10, case 9 共用一组语句
        case 8:   ch='B';break;
        case 7:
        case 6:   ch='C';break;          // case 7, case 6 共用一组语句
        default:  ch='D';
    }
    printf("score= % .1f\ngrade= % c\n",score,ch);
    return 0;
}
```

程序输入及程序运行结果:

请输入成绩:95↙

```
请输入成绩:95
score=95.0
grade=A
Press any key to continue
```

【例 3-12】 根据存款时间和相应的月息,从键盘输入本金与存款年限(整数)分别用 if 语句和 switch 语句编程计算本息。

存款年限为 1 年以上时,月息 r 为 5‰;

存款年限为 2 年以上时,月息 r 为 6‰;

存款年限为 3 年以上时,月息 r 为 6.5‰;

存款年限为 5 年以上时,月息 r 为 8‰;

存款年限为 8 年以上时,月息 r 为 10‰。

分析 先根据存款年限确定存款月息,然后在根据存款金额和月息计算本息。

if 语句程序代码如下:

```c
# include "stdio.h"
int main()
{
    int year;
    float money,r,s;
```

```
    printf("请输入本金和存款年限:");
    scanf(" % f % d",&money,&year);
    if(year==1) r=0.005;
        else if(year==2) r=0.006;
        else if(year>=3&&year<5) r=0.0065;
        else if(year>=5&&year<8) r=0.008;
        else if(year>=8) r=0.01;
        else r=0;
    s=money+money * r * 12 * year;
    printf("s= % .2f\n",s);
    return 0;
}
```

程序输入及程序运行结果:

请输入本金和存款年限:50000.00　7↙

```
请输入本金和存款年限:50000.00    7
s=83600.00
Press any key to continue
```

switch 语句程序代码如下:

```
# include <stdio.h>
main( )
{
int year;
float money,r,s;
printf("请输入本金和存款年限:");
scanf(" % f % d",&money,&year);
switch(year)
{
    case 0: r=0; break;
    case 1: r=0.005; break;
    case 2: r=0.006; break;
    case 3:
    case 4: r=0.0065; break;
    case 5:
    case 6:
    case 7: r=0.008; break;
    default: r=0.01;
}
    s=money+money * r * year * 12;        //年息为月息 * 12
    printf("s= % .2f\n",s);
    return 0;
}
```

程序输入及程序运行结果:

请输入本金和存款年限:50000.00　7↙

```
请输入本金和存款年限:50000.00    7
s=83600.00
Press any key to continue
```

知识小贴士 •

关于 if 语句与 switch 语句的区别：

①if 语句可以判断大小，而 switch 语句只能够进行相等与否的判断。

②if 语句可以对浮点数进行判断，而 switch 语句只能进行整数的判断，且 case 标签必须是常量。

【例 3-13】　编程设计一个简单的计算器，要求根据用户输入的算术运算符〔加（＋）、减（－）、乘（＊）、除（/）〕和操作数然后计算其值。

分析　根据用户输入的运算符选择执行对应的算术运算，如果运算符是算术运算符中的除（/）则先要判断除数是否为 0，为 0 不能参与运算。其算法流程图如图 3-10 所示。

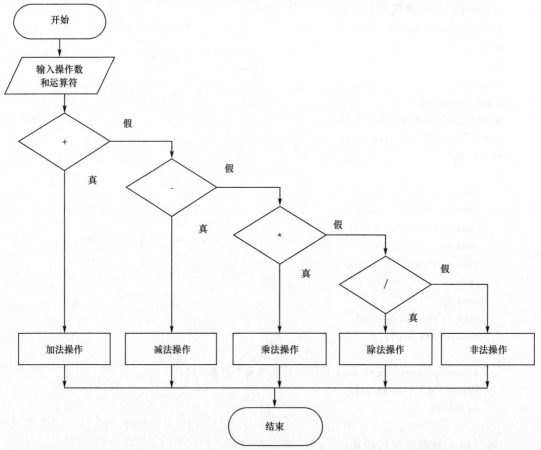

图 3-10　简单的计算器程序算法流程图

程序代码如下：

```c
#include <stdio.h>
int main()
{
    int data1,data2;
    char op;
    printf("请输入表达式：");
    scanf("%d%c%d", &data1,&op,&data2);
    switch(op)
    {
        case '+': printf("%d+%d=%d\n", data1,data2,data1+data2);
            break;
        case '-': printf("%d-%d=%d\n", data1,data2,data1-data2);
            break;
        case '*': printf("%d*%d=%d\n", data1,data2,data1*data2);
            break;
        case '/': if(data2==0)
                printf("除数不能为0！\n");
            else
                printf("%d/%d=%d\n", data1,data2,data1/data2);
            break;
        default: printf("本程序中不能参与运算\n");
    }
    return 0;
}
```

程序输入及程序运行结果：

请输入表达式：3+2↙

3.4 循环结构

循环结构是结构化程序的三种基本结构之一，它与顺序结构、选择结构相互组合可以解决较复杂的问题。在C语言中，实现循环结构的语句主要有以下3种：

(1)while，当型循环控制语句；

(2)do...while，直到型循环语句；

(3)for，循环语句。

同时，为了更方便地控制程序流程，C语言还提供了两个循环辅助控制语句：break语句和continue语句。

3.4.1 while 语句

while 语句是当型循环控制语句,其一般形式为:
while(表达式)
{
    循环体;
}

功能:首先计算表达式的值,若表达式的值为真(非 0)时,则执行一次循环体语句;然后再次计算表达式的值,如果值为真(非 0)时,再次执行循环体语句,不断重复执行操作,直到表达式的值为假(0),跳出循环结构。while 语句的执行流程图如图 3-11 所示。

【例 3-14】 用 while 语句求 $\sum_{n=1}^{100} n$,即 $1+2+3+\cdots+100$。

分析 计算 $1+2+3+\cdots+100$,按数学的做法是先算 $1+2$ 的值,然后将值与 3 相加,依次类推加到 100 得到结果。

程序算法:

①假设定义两个变量:sum(存放和)、i(加数);

②循环的初始条件:循环变量初值:i=1,sum =0;

③循环的执行条件:循环条件判断:i<=100;

④循环体:sum=sum+i;i=i+1;

其算法流程图如图 3-12 所示。

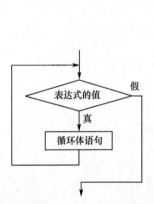

图 3-11 while 语句的执行流程图

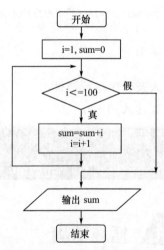

图 3-12 累加求和算法流程图

程序代码如下:

```
# include <stdio.h>
int main()
{
    int i = 1, sum = 0;
    while(i <= 100)
    {
        sum = sum + i;
```

```
        i=i+1;
    }
    printf("sum= % d\n",sum);
    return 0;
}
```

程序运行结果：

```
sum=5050
Press any key to continue_
```

●知识小贴士

(1)while 语句的特点是先计算表达式的值，然后根据表达式的值决定是否执行循环体中的语句。因此，如果表达式的值一开始就为"假"，那么循环体一次也不执行。

(2)当循环体由多个语句组成时，必须用{}括起来，形成复合语句。

(3)在循环体中必须有使循环趋向结束的操作，否则循环将无限进行（死循环）。

(4)while(表达式)后无";"。

【例 3-15】　从键盘上任意输入 10 个整数，找出其中的最大值。

分析　先将输入的第一个数赋值给 max 作为最大值，以后每输入一个数与之比较，若后一个数比 max 大，将后一个数赋值给 max，以此类推，9 次比较后即可找出 10 个数中的最大值，算法流程图如图 3-13 所示。

程序代码如下：

```
# include <stdio.h>
int main()
{
    int x,max,i;
    scanf(" % d",&max);
    i=0;
    while(i<10)
    {
        scanf(" % d",&x);
        if(max<x)
        max=x;
        i=i+1;
    }
    printf("max= % d\n",max);
    return 0;
}
```

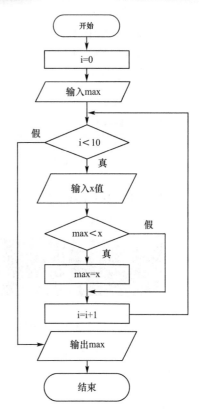

图 3-13　输入 10 个整数并找出其中最大值算法流程图

程序输入及程序运行结果：

1 3 5 7 9 11 2 4 6 8↙

```
1 3 5 7 9 11 2 4 6 8
max=11
Press any key to continue
```

【例 3-16】 用 while 语句编写程序求 n!。

分析 求 n! 即计算 1×2×3×4×…×n，与 1＋2＋3＋…＋100 具有相似规律，本题是解决求累乘问题。

程序算法：

①假设定义两个变量：s(存放乘积)、i(加数)；

②循环的初始条件：循环变量初值：s＝1,i＝1；

③循环的执行条件：循环条件判断：i≤n；

④循环体：s＝s＊i；i＝i＋1；

程序代码如下：

```
# include<stdio.h>
int main()
{
    int n,i=1,s=1;        /＊在累乘中,如果设初值为 0,0 乘以任何数都为 0,故在累乘中初
                             值应设置为 1。＊/
    printf("请输入 n 的值:");
    scanf(" % d",&n);
    while(i<=n)
    {
        s=s * i;
        i=i+1;
    }
    printf("s= % d\n",s);
}
```

程序输入及程序运行结果：

请输入 n 的值:5↙

```
请输入n的值:5
s=120
Press any key to continue
```

3.4.2 do...while 语句

do...while 语句是用来实现"直到型"循环语句，一般形式为：

```
do
{
循环体;
}while(表达式);
```

功能：先执行一次"循环体"，再计算"表达式"的值，若为真，则重复执行循环体，直到"表达式"的值为假时结束循环，执行循环结构后面的语句，其流程图如图 3-14 所示。

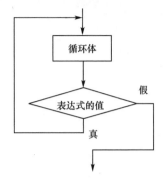

图 3-14　do...while 语句流程图

知识小贴士

（1）do...while 语句总是先执行一次循环体，然后再求表达式的值。因此，无论表达式是否为"真"，循环体至少执行一次。

（2）当循环体由多个语句组成时，必须用{}括起来，形成复合语句。

（3）在循环体中必须有使循环趋向结束的操作，否则循环将无限进行（死循环）。

（4）do...while(表达式)，while(表达式)后必须加";"。

【例 3-17】　用 do...while 语句求 $\sum_{n=1}^{100} n$ ，即 $1+2+3+\cdots+100$。

```
#include<stdio.h>
int main()
{
    int i=1,sum=0;
    do
    {
        sum=sum+i;
        i++;
    }
    while(i<=100);
    printf("sum=%d\n",sum);
    return 0;
}
```

程序运行结果：

```
sum=5050
Press any key to continue_
```

【例 3-18】 用 do...while 语句编写程序求 n!。

```c
#include<stdio.h>
int main()
{
    int n,i=1,s=1;
    printf("请输入 n 的值:");
    scanf("%d",&n);
    do
    {
        s=s*i;
        i++;
    }while(i<=n);
    printf("s=%d\n",s);
}
```

程序输入及程序运行结果:

请输入 n 的值:5↙

```
请输入n的值:5
s=120
Press any key to continue_
```

【例 3-19】 编写程序,求满足 1+2+3+…+n<500 时,n 的最大值及累加和。

分析 先定义一个累加器 sum,然后从自然数 1 开始依次累加,直到与自然数 n 相加后累加器 sum 的值大于 500,再 n−1 即可得到所求最大值,累加器 sum−n 得到<500 累加和。算法流程图如图 3-15 所示。

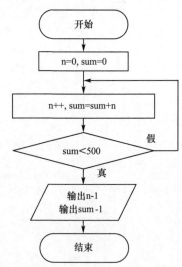

图 3-15 求满足 1+2+3+…+n<500 时 n 的最大值及累加和流程图

程序代码如下:

```c
#include <stdio.h>
int main()
```

```
{
    int n＝0,sum＝0;
    do
    {
        n＋＋;
        sum＝sum＋n;
    }
    while(sum＜500);
    printf("n＝％d\n sum＝％d\n",n－1,sum－n);
    return 0;
}
```

程序运行结果：

```
n=31
sum=496
Press any key to continue
```

【例 3-20】 设有一个分数数列：$\frac{2}{1}+\frac{3}{2}+\frac{5}{3}+\frac{8}{5}+\frac{13}{8}+\frac{21}{13}+\cdots$，编程求出这个数列的前 20 项之和。

分析 从题干分数数列数据的关系可以发现，后一项的分母等于前一项的分子（也等于当前项的分子减前一项的分母），后一项的分子等于前一项的分子与分母之和。根据前一项递推出后一项的方法为迭代算法。

程序算法：

①定义两个变量：sum，i，a(分母)，b(分子)；

②循环的初始条件：循环变量初值：sum＝0，a＝1，b＝2，i＝1；

③循环体：sum＝sum＋b/a，b＝a＋b，a＝b－a，i＋＋；

④循环的执行条件：循环条件判断：i＜＝20。

其算法流程图如图 3-16 所示。

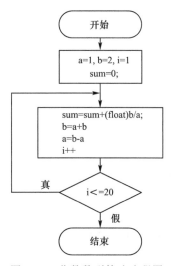

图 3-16 分数数列算法流程图

程序代码如下：

```
#include <stdio.h>
int main()
{
    int a=1,b=2,i=1;
    float sum=0;
    do
    {
        sum=sum+(float)b/a;
        b=a+b;
        a=b-a;
        i++;
    }while(i<=20);
    printf("sum=%0.2f\n",sum);
    return 0;
}
```

程序运行结果：

```
sum=32.66
Press any key to continue
```

【例3-21】 求两个正整数的最大公因子。

【分析】 此题最著名的解法是欧几里得 Euclid 算法，也称为辗转相除法。用自然语言描述如下：

①任意输入两个正整数 m 和 n；

②求 r = m % n；

③如果 r 等于 0，则说明 n 是 m 的最大公因子，算法结束；

④如果 r 不等于 0，则将 n 赋值给 m，r 赋值给 n；转②处继续。

程序代码如下：

```
#include <stdio.h>
void main()
{
    int m,n,r;
    printf("请输入两个正整数:");
    scanf("%d,%d", &m, &n);
    do
    {
        r=m%n;
        m=n;      //辗转赋值
        n=r;
    }while(n! =0);
        printf( "以上两数最大公因子:%d\n",m);
}
```

程序输入及程序运行结果：

请输入两个正整数:45,54↙

```
请输入两个正整数: 45,54
以上两数最大公因子: 9
Press any key to continue
```

● 知识小贴士 ●

while 语句与 do...while 语句的比较:

```c
#include<stdio.h>
int main()
{
    int i=1,sum=0;
    while(i<1)
    {
        sum=sum+i;
        i++;
    }
    printf("sum=%d\n",sum);
    return 0;
}
```

程序运算结果:

```
sum=0
Press any key to continue
```

```c
#include<stdio.h>
int main()
{
    int i=1,sum=0;
    do
    {
        sum=sum+i;
        i++;
    }while(i<1);
    printf("sum=%d\n",sum);
    return 0;
}
```

程序运算结果:

```
sum=1
Press any key to continue
```

do...while 循环与 while 循环十分相似,它们的主要区别是:while 循环先判断循环条件再执行循环体,循环体可能一次也不执行。do...while 循环先执行循环体,再判断循环条件,循环体至少执行一次。

3.4.3 for 语句

在 C 语言循环语句中,for 循环语句应用最为灵活,不仅可以用于循环次数已经确定的情况,还可以用于循环次数不确定而只给出循环结束条件的情况。for 循环一般形式为:

```
for(表达式1;表达式2;表达式3)
{
循环体;
}
```

功能:"表达式 1"为"循环变量初值","表达式 2"为"循环控制条件表达式","表达式 3"为"循环变量增量",三个表达式之间必须用";"隔开。"循环体"由一条或多条语句组成,当循环体由多个语句组成时,必须用{}括起来,形成复合语句。执行过程为:

①首先计算"表达式 1";

②其次计算"表达式2"的值,当值为真时,则执行"循环体",然后转③执行;当值为假时,则结束循环,执行循环结构后面的语句。

③计算"表达式3",然后再转②执行。

for语句流程图如图3-17所示。

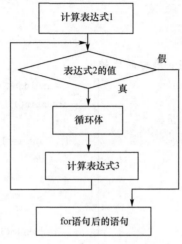

图3-17 for语句流程图

【例3-22】 用for语句求$1+2+3+\cdots+100$的累加和。

```c
#include<stdio.h>
int main()
{
    int i,sum=0;
    for (i=1;i<=100;i++)
        sum=sum+i;
    printf("sum= % d\n",sum);
    return 0;
}
```

程序运行结果:

```
sum=5050
Press any key to continue_
```

【例3-23】 用for语句编写程序求n!。

```c
#include<stdio.h>
int main()
{
    int n,i,s=1;
    printf("请输入 n 的值:");
    scanf(" % d",&n);
    for(i=1;i<=n;i++)
        s=s*i;
    printf("s= % d\n",s);
    return 0;
}
```

程序输入及程序运行结果：

请输入 n 的值：5↙

```
请输入n的值:5
s=120
Press any key to continue
```

【例 3-24】   输入一串字符,统计输入字符的个数。

分析   在 C 语言当中不能定义字符串型变量,因此该题可以先定义一个变量,通过循环依次接受字符串中的各个字符,然后每接受一个,计算加 1,当所有字符被接受完,即可得到输入字符的个数。

```
#include <stdio.h>
int main()
{
    int n;
    char c;
    printf("请输入字符串:");
    for(n=0;(c=getchar())!='\n';n++)     /* 一般情况以回车作为输入字符的结束标
                                             志,即遇'\n'结束。*/
        ;                                //空语句
    printf("字符串个数为：%d\n",n);
    return 0;
}
```

程序输入及程序运行结果：

请输入字符串：abcd1234↙

```
请输入字符串: abcd1234
字符串个数为: 8
Press any key to continue
```

●知识小贴士 ●

关于 for 语句：

①表达式 1 或者循环初值可以放在语句之前,但分号不能省。

【例 3-25】

i=1;

for(;i<=100;i=i+1) s=s+i;

②如果省略表达式 2,即不在表达式 2 的位置判断循环终止条件,那么循环将无终止地进行,也就是认为表达式 2 始终为"真"。所以应该在其他位置(如：循环体)安排检测及退出循环的机制。

③可以省略表达式 3,但应该设法保证循环终止。

for(i=1;i<=100;) {s=s+i; i=i+1;}

④可以省略表达式 1 和 3,但应该设法保证循环终止。

【例 3-26】

```
i=1;
for(;i<=100;) {s=s+i; i=i+1}
```

⑤可以省略表达式1、2和3，循环体无终止。

⑥表达式1和表达式3可以是逗号表达式。

从上面的说明可以看出，C语言的for语句功能强大、使用灵活，可以把循环体和一些与循环控制无关的操作也都作为表达式出现，其特点是程序短小简洁。但是，如果过分使用这个特点会使for语句显得杂乱，降低程序可读性。

【例 3-27】 输出Fibonacci(斐波那契)序列：1,1,2,3,5,8,13,…的前40项，要求每行输出5项。

分析 Fibonacci规律为：前2项固定，从第3项开始，每一项均为前两项之和。设变量为f表示所求的当前项，变量f1和f2依次为当前项的前项，即f=f1+f2；若当前项为f=3，则f1=1、f2=2；若当前项为f=5，则f1=2、f2=3。本题算法流程图如图3-18所示。

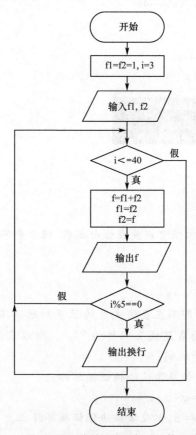

图 3-18　Fibonacci(斐波那契)序列的算法流程图

程序代码如下：

```
#include <stdio.h>
int main()
{
    int f1,f2,f,i;
    f1=f2=1;
    printf("%10d%10d",f1,f2);          //输入第 1、2 项,输出的宽度为 10 位
    for(i=3; i<=40; i++)                //迭代从第 3 项开始
    {
        f=f1+f2;
        f1=f2;
        f2=f;
        printf("%10d",f);
        if(i%5==0)
            printf("\n");               //一行输出够五个就换行
    }
    return 0;
}
```

程序运行结果：

```
         1         1         2         3         5
         8        13        21        34        55
        89       144       233       377       610
       987      1597      2584      4181      6765
     10946     17711     28657     46368     75025
    121393    196418    317811    514229    832040
   1346269   2178309   3524578   5702887   9227465
  14930352  24157817  39088169  63245986 102334155
Press any key to continue
```

3.4.4 循环嵌套

一个循环内又包含另一个循环,称为循环嵌套。内循环中还可以嵌套循环。按照循环的嵌套次数,分别称为双重循环、三重循环。一般将处于内部的循环称为内循环,处于外部的循环称为外循环。三条循环语句 for 语句、while 语句和 do...while 语句可以相互嵌套。

【例 3-28】 用循环嵌套语句输出以下星形矩阵。

```
* * * * * * * * * *
* * * * * * * * * *
* * * * * * * * * *
* * * * * * * * * *
```

分析 该星型矩阵由 4 行 10 列构成,即每 1 行要输出 10 个星号。因此,本题可以用双重循环解决,外循环用来控制行数,内循环用来控制列数,算法流程图如图 3-19 所示。

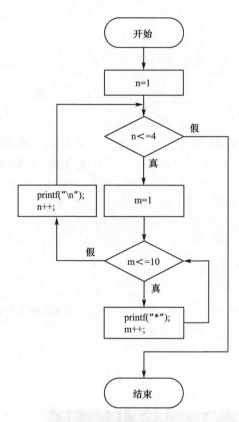

图 3-19　星形矩阵算法流程图

程序代码如下：
```c
#include<stdio.h>
int main()
{
    int n,m;
    for(n=1;n<=4;n++)          //外循环,控制行数
    {
        for(m=1;m<=10;m++)     //内循环,控制列数
        {
            printf(" * ");
        }
    printf("\n");
    }
    return 0;
}
```

程序运行结果：

```
**********
**********
**********
**********
Press any key to continue
```

关于循环嵌套：

①一个循环体必须完整的嵌套在另一个循环体内，不能出现交叉现象；

②多层循环的执行顺序是：最内层先执行，由内向外逐层展开；

③三种循环语句构成的循环可以相互嵌套；

④并列循环允许使用相同的循环变量，但嵌套循环不允许；

⑤嵌套循环要采用缩进格式书写，使程序层次分明，便于阅读和调试。

【例 3-29】　用循环嵌套语句输出九九乘法表，如图 3-20 所示。

```
1×1=1
1×2=2  2×2=4
1×3=3  2×3=6   3×3=9
1×4=4  2×4=8   3×4=12  4×4=16
1×5=5  2×5=10  3×5=15  4×5=20  5×5=25
1×6=6  2×6=12  3×6=18  4×6=24  5×6=30  6×6=36
1×7=7  2×7=14  3×7=21  4×7=28  5×7=35  6×7=42  7×7=49
1×8=8  2×8=16  3×8=24  4×8=36  5×8=40  6×8=48  7×8=56  8×8=64
1×9=9  2×9=18  3×9=27  4×9=36  5×9=45  6×9=54  7×9=63  8×9=72  9×9=81
```

图 3-20　九九乘法表

分析　该九九乘法表有 9 行 9 列，是一个直角三角形，因此在输出的时候不仅要考虑行数还要考虑每一行的列数。通过观察：

第一行：$1 * 1$

第二行：$1 * 2$　$2 * 2$

可以发现规律，行号（数）、列号（数）从 1～9，每次递增 1，

程序代码如下：

```c
#include<stdio.h>
int main()
{
    int i,j;
    printf("请输出九九乘法表:\n");
    for (i=1;i<10;i++)         //控制行数
        {
        for(j=1;j<=i;j++)      /*控制列数。思考把表达式 2 改为:j=i 或 j<10,输出
                                 结果会有什么变化。*/
            {
                printf("%d*%d=%d\t",j,i,j*i);
            }
        printf("\n");
        }
    return 0;
}
```

程序运行结果如下：

```
请输出九九乘法表：
1*1=1
1*2=2    2*2=4
1*3=3    2*3=6    3*3=9
1*4=4    2*4=8    3*4=12   4*4=16
1*5=5    2*5=10   3*5=15   4*5=20   5*5=25
1*6=6    2*6=12   3*6=18   4*6=24   5*6=30   6*6=36
1*7=7    2*7=14   3*7=21   4*7=28   5*7=35   6*7=42   7*7=49
1*8=8    2*8=16   3*8=24   4*8=32   5*8=40   6*8=48   7*8=56   8*8=64
1*9=9    2*9=18   3*9=27   4*9=36   5*9=45   6*9=54   7*9=63   8*9=72   9*9=81
Press any key to continue
```

【例 3-30】 输入 n 的值，计算并输出 1～n 的阶乘之和（即 1! ＋2! ＋3! …＋n!）。

分析　该题是求阶乘之和，即输入 n 的值后，依次计算出 1～n 各项的阶乘，并逐步累加，得到题干要求的结果。

程序代码如下：

```c
#include <stdio.h>
int main()
{
    int n,i,j,t=1,sum=0;
    printf("请输入一个数:");
    scanf("%d",&n);
    for(i=1;i<=n;i++)
    {
        for(j=1;j<=i;j++)
        {
            t=t*j;
        }
        printf("%d! =%d\n",i,t);
        sum=sum+t;
        t=1;
    }
    printf("sum=%d\n",sum);
    return 0;
}
```

程序输入及程序运行结果：

请输入一个数:5↙

```
请输入一个数:5
1!=1
2!=2
3!=6
4!=24
5!=120
sum=153
Press any key to continue
```

【例 3-31】 编写程序,输出如下图形。

```
    *
   * * *
  * * * * *
 * * * * * * *
* * * * * * * * *
```

分析　本题每行在输出 * 号前先要输入空格,通过观察左端空格数＝总行数－第几行行数,星号个数＝2 * 行数－1。

程序代码如下:

```
#include<stdio.h>
int main()
{
    int i,j,k;
    for(i=1;i<=5;i++)                //控制行数
    {
        for(j=1;j<=5-i;j++)          //控制空格数
            printf(" ");
        for(k=1;k<=2*i-1;k++)        //控制 * 号数
            printf(" * ");
        printf("\n");
    }
    return 0;
}
```

程序运行结果:

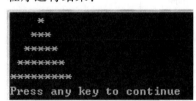

3.5　转移控制语句

在循环程序执行过程中,当循环条件不满足时,可以正常跳出循环结构。但也有时候在循环条件满足的时候需要终止循环,这时就要用到转移控制语句,即 break 语句和 continue 语句。

3.5.1　break 语句

break 语句一般形式如下:

```
break;
```

功能:跳出本 switch 语句体或跳出本层循环体。

break 语句在 while、do...while、for 语句构成的循环结构中其执行的过程如图 3-21 所示。

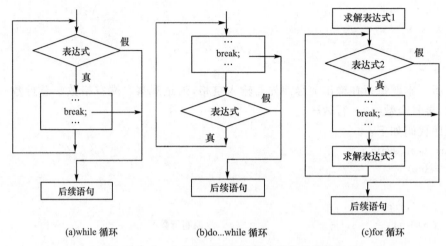

(a)while 循环　　　　　　(b)do...while 循环　　　　　(c)for 循环

图 3-21　break 语句在循环结构中的执行流程图

【例 3-32】　求 1000～2000 中最小的、能同时被 11 和 17 整除的数。

分析　该题可采用穷举法求解，定义一个循环变量 i，从 1000 至 2000 递增，对每一个 i 判断其能否被 11 和 17 同时整除。若可以，则结束循环，该值即为所求值，其算法描述如图 3-22 所示。

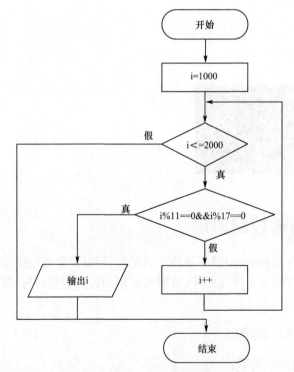

图 3-22　【例 3-32】算法描述流程图

程序代码如下：

```
# include <stdio.h>
int main()
{
    int i;
    for(i=1000;i<=2000;i++)
    {
        if(i%11==0&&i%17==0)
        {
            printf(" %d\n",i);
            break;
        }
    }
    return 0;
}
```

程序运行结果：

```
1122
Press any key to continue
```

【例 3-33】　爱因斯坦的阶梯问题。有一个长阶梯，若每步上 2 阶，最后剩下 1 阶；若每步上 3 阶，最后剩 2 阶；若每步上 5 阶，最后剩下 4 阶；若每步上 6 阶，最后剩 5 阶；只有每步上 7 阶，最后刚好一阶也不剩。请问该阶梯至少有多少阶？

分析　通过仔细阅读题干，可以从题干中得出长阶梯阶数为 7 的倍数。

程序代码如下：

```
# include<stdio.h>
int main()
{
    int i;
    for(i=7; ;i+=7)
        if(i%2==1&&i%3==2&&i%5==4&&i%6==5)
            break;
    printf("一共有 %d 步阶梯\n",i);
    return 0;
}
```

程序运行结果：

```
一共有119步阶梯
Press any key to continue
```

知识小贴士

①break 语句只用于循环语句或 switch 语句中。在循环语句中，break 常常和 if 语句一起使用，表示当条件满足时，立即终止循环。注意 break 不是跳出 if 语句，而是循环结构。

②循环语句可以嵌套使用，break 语句只能跳出（终止）其所在的循环，而不能直接跳出多层循环。要实现跳出多层循环可以设置一个标志变量，控制逐层跳出。

【例 3-34】 判断一个数是否为素数。

分析 素数是指只能被 1 和它本身整除的数。判断一个数 m 是否为素数即判断 m 能被 2～(m−1)范围内的数整除,如果一个都不能整除,那么该数为素数;否则该数不是素数。

程序代码如下:

```
#include<stdio.h>
int main()
{
    int n,i;
    printf("请输入一个数:");
    scanf("%d",&n);
    for(i=2;i<=(n−1);i++)
    {
        if(n%i!=0)        //余数等于 0 就跳出,否则就执行 i++继续循环
            break;        //if 后面表达式为假就跳出循环
        else
            printf("此数不为素数\n");
    }
    printf("此数为素数\n");
    return 0;
}
```

程序输入及程序运行结果:

请输入一个数:11↙

3.5.2 continue 语句

continue 语句的一般形式如下:

continue ;

功能:continue 语句与 break 语句不同,当在循环体中遇到 continue 语句时,程序将不执行 continue 语句后面尚未执行的语句,开始下一次循环,即只结束本次循环的执行,并不终止整个循环的执行。

continue 语句在 while、do...while、for 语句构成的循环结构中其执行的过程如图 3-23 所示。

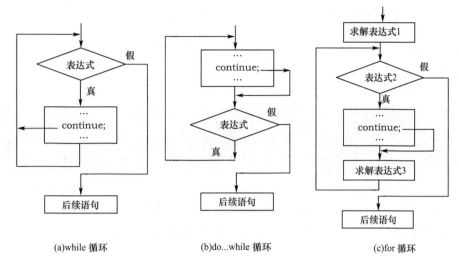

| (a)while 循环 | (b)do...while 循环 | (c)for 循环 |

图 3-23　continue 语句在循环结构中的执行流程图

【例 3-35】　输出 100～200 之间不能被 3 整除的整数输出。

分析　该题可以采用穷举法求解,定义一个整型变量 i,初值为 100,每次通过自加操作,便可以取到该范围内的每一个值。然后判断该数是否能被 3 整除,如果能被 3 整除,就继续取下一个数进行判断,否则输出该数。算法描述流程图如图 3-24 所示。

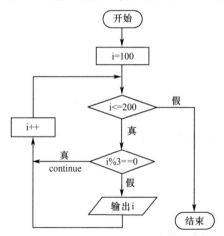

图 3-24　【例 3-35】算法描述流程图

程序代码如下:

```c
# include <stdio.h>
int main()
{
    int i;
    for(i=100; i<=200; i++)
    {
        if(i%3==0)      //余数等于 0 表示能被 3 整除,则执行 continue 语句后继续循环
            continue;
```

```
        printf("%d  ",i);
    }
    return 0;
}
```

程序运行结果:

```
100  101  103  104  106  107  109  110  112  113  115  116  118  119  121  122
124  125  127  128  130  131  133  134  136  137  139  140  142  143  145  146
148  149  151  152  154  155  157  158  160  161  163  164  166  167  169  170
172  173  175  176  178  179  181  182  184  185  187  188  190  191  193  194
196  197  199  200  Press any key to continue_
```

【例 3-36】 在半径为 1~10 的圆中,输出面积超过 100 的圆的半径和面积。

分析 将圆的半径作为循环变量 r,赋初值为 1,循环控制条件为 r<=10。在循环体中计算圆的面积 s=π*r*r,若 s<=100.0,则不输出继续进行下一次循环,否则输出 r 和 s 的值。

程序代码如下:

```c
# include<stdio.h>
# define PI 3.14                    //定义符号常量
int main()
{
    int r;
    float s;
    for(r=1; r<=10;r++)
    {
        s=PI*r*r;
        if(s<=100.0)                //表达式为"真",则执行 continue 语句后开始下一次循环
            continue;
        printf("r=%d,s=%f\n",r,s);
    }
    return 0;
}
```

程序运行结果:

```
r=6,s=113.040001
r=7,s=153.860001
r=8,s=200.960007
r=9,s=254.339996
r=10,s=314.000000
Press any key to continue
```

3.6 综合实例

【例 3-37】 输出所有的水仙花数,水仙花数是一个 3 位数,它的各位数字的立方和等于该数本身(例:$1^3+5^3+3^3=153$)。

分析　水仙花数是一个三位数,所以要遍历 100~999 之间的数,然后求这些数的个位数、十位数、百位数数字,再判断三个数字立方和是否与原来的数相等,相等则输出,不等则进行下一次循环。

程序代码如下:

```
#include<stdio.h>
int main()
{
    int i,a,b,c;
    for(i=100;i<=999;i++)
    {
        a=i/100;              //求 i 的百位数字
        b=i/10%10;            //求 i 的十位数字
        c=i%10;               //求 i 的个位数字
        if(i==a*a*a+b*b*b+c*c*c)
            printf("%d\n",i);
    }
}
```

程序运行结果:

```
153
370
371
407
Press any key to continue
```

【例 3-38】　百元百鸡问题。我国古代数学家张丘键在《算经》中出了一道题:鸡翁一,值钱五;鸡母一,值钱三;鸡雏三,值钱一;百钱买百鸡,则翁、母、雏各几何? 这是一个古典数学问题,意思是说已知公鸡每只 5 钱,母鸡每只 3 钱,小鸡 1 钱 3 只。要求用 100 个铜钱正好买 100 只鸡,问:公鸡、母鸡、小鸡各多少只?

分析　该题也是一个典型的利用穷举法解决问题的题目。可设一百只鸡中公鸡、母鸡、小鸡数量分别为 g、m、x,可列出方程:

$$\begin{cases} 5g+3m+x/3=100(一百钱) \\ g+m+x=100\ (百鸡) \end{cases}$$

根据题意确定:

公鸡的取值范围:$1 \leqslant g \leqslant 20$;

母鸡的取值范围:$1 \leqslant m \leqslant 33$;

母鸡的取值范围:$3 \leqslant x \leqslant 99$(小鸡 1 钱 3 只),步长为 3。

利用循环语句遍历 g、m、x 的所有可能组合即可求解。

程序代码如下:

```
#include<stdio.h>
int main()
{
    int g,m,x;
```

```
    for(g=0;g<20;g++)
    {
        for(m=0;m<33;m++)
        {
            x=100-g-m;
            if(5*g+3*m+x/3==100)
                printf("公鸡:%d,母鸡:%d,小鸡:%d\n",g,m,x);
        }
    }
    return 0;
}
```

程序运行结果：

```
公鸡:0,母鸡:25,小鸡:75
公鸡:3,母鸡:20,小鸡:77
公鸡:4,母鸡:18,小鸡:78
公鸡:7,母鸡:13,小鸡:80
公鸡:8,母鸡:11,小鸡:81
公鸡:11,母鸡:6,小鸡:83
公鸡:12,母鸡:4,小鸡:84
Press any key to continue
```

【例 3-39】 编写输出以下图案的程序,图案的行数由输入的整数值确定(每行中字符之间没有空格)。

```
        A
       BBB
      CCCCC
     DDDDDDD
      ......
ZZZZZZZZZZZZZZZZZZZZZZZZZZ
```

分析 通过观察,本题主要考虑左端空格数,每行字母数以及每行字母变化情况。左端空格数=总行数-第几行行数,星号个数=2*行数-1,每行字母变化可通过字符型变量解决。

程序代码如下：

```
#include<stdio.h>
int main()
{
    char ch='A';
    int n=26,i,j;                    //共有 26 行,i 表示行数,j 表示列数
    for(i=1; i<=n; i++)
    {
        for(j=1; j<=n-i; j++)
        printf(" ");
        for(j=1; j<=2*i-1; j++)
        printf("%c", ch);            //输出每行字母
```

```
        printf("\n");
        ch++;                                    //通过字符型变量字母变化
    }
    return 0;
}
```

程序运行结果：

【例 3-40】 从键盘上任意输入一个整数，求它的各位数字之和。

分析 设输入的长整型数为 i，可以通过 i%10 得到个位数 n，其他各位数字可以通过 i=i/10（直到 i 的值等于 0 为止）。然后再重复上述步骤得到，将每次所得的各位数字累加求和，该算法流程图如图 3-25 所示。

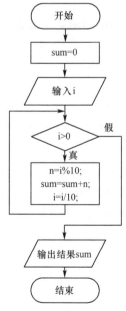

图 3-25 【例 3-40】 算法流程图

程序代码如下：

```
#include <stdio.h>
int main()
{
    int i,n,sum=0;
    printf("请输入一个整数:");
    scanf("%d",&i);
    while(i>0)
    {
        n=i%10;
        sum=sum+n;
        i=i/10;
    }
    printf("sum=%d\n",sum);
    return 0;
}
```

程序输入及程序运行结果：

请输入一个整数:123456789↙

```
请输入一个整数:123456789
sum=45
Press any key to continue
```

3.7 本章小结

C语言程序设计中程序流程控制语句是非常重要的,流程控制可分为顺序语句、选择语句和循环语句三种。顺序语句包括表达式语句、空语句、复合语句、函数调用语句和控制语句;选择语句包括 if 语句和 switch 语句;循环语句包括 while、do...while 和 for 语句。

其中,选择 if 语句可以嵌套 if 语句,要注意嵌套语句 if 与 else 配对问题,else 语句总是与它前面最近且尚未分配的 if 语句配对;同时,要注意嵌套语句之间的逻辑关系,嵌套的语句之间不能交叉。

在循环语句中要注意 while 和 do...while 语句的应用,循环体语句至少循环一次选择 do...while,循环体语句一次都不使用选择 while 语句。

break 语句用在 switch 语句或循环语句中,以跳出 switch 语句或者本层循环而去执行下一条语句。而 continue 语句只能用在循环语句中,它的作用是结束本次循环,继续下一次循环条件的判断与执行。因此,要特别注意 break 与 continue 语句的用法和区别。

3.8 习题练习

一、单项选择题

1. C 语言程序的 3 种基本结构是(　　)。

A. 顺序结构、选择结构、循环结构　　　B. 循环结构、递归结构、分支结构

C. 顺序结构、嵌套结构、循环结构　　　D. 顺序结构、转移结构、循环结构

2. if 语句的基本形式是:if(表达式)语句,以下关于"表达式"值的叙述中正确的是(　　)。

A. 必须是逻辑值　　　　　　　　　　B. 必须是整数值

C. 必须是正数　　　　　　　　　　　D. 可以是任意合法的数值

3. 下列程序,执行后输出结果是(　　)。

```c
#include<stdio.h>
int main()
{
    int x=10,y=20,z=30;
    if(x>y) z=x;x=y;y=z;
    printf("%d,%d,%d\n",x,y,z);
    return 0;
}
```

A. 10,20,30　　　　　　　　　　　　B. 20,20,30

C. 20,30,30　　　　　　　　　　　　D. 30,30,30

4. 若执行以下程序时从键盘上输入"5,6",则输出结果是(　　)。

```c
#include<stdio.h>
int main()
{
    int x,y,m;
    scanf("%d,%d",&x,&y);
    m=x;
    if(x<y)
    m=y;
    m*=m;
    printf("%d\n",m);
    return 0;
}
```

A. 14　　　　　　B. 36　　　　　　C. 18　　　　　　D. 24

5. 下列程序,执行后输出结果是(　　)。

```c
#include<stdio.h>
int main()
{
```

```
    int m=1;
    if(m++>1)
        printf("%d\n",m);
    else
        printf("%d\n",m--);
    return 0;
}
```

  A. 2   B. 3   C. 4   D. 编译时有错,无结果

6. 下列程序,执行后输出结果是(　　)。

```
#include<stdio.h>
int main()
{
    int a=3,b=4,c=5,d=2;
    if(a>b)
        if(b>c)
            printf("%d",d+++1);
        else
            printf("%d",++d+1);
    printf("%d\n",d);
    return 0;
}
```

  A. 2   B. 3   C. 43   D. 44

7. 若 a、b、c1、c2、x、y 均是整型变量,正确的 switch 语句是(　　)。

A. switch(a+b);
 { case 1:y=a+b; break;
  case 0:y=a-b; break;
 }

B. switch(a*a+b*b)
  { case 3:
   case 1:y=a+b; break;
   case 3:y=b-a; break; }

C. switch　a
 { case c1: y=a-b; break;
  case c2: x=a*d; break;
  default: x=a+b;
 }

D. switch(a-b)
  { default: y=a*b; break;
   case 3: case 4: x=a+b; break;
   case 10: case 11: y=a-b; break;
  }

8. 下列程序的运行结果是(　　)。

```
#include<stdio.h>
int main()
{
    char ch;
    ch=getchar();
    switch(ch)
    {
        case 65:printf("%c",'A');break;
```

```
        case 66:printf("%c",'B');
        default:printf("%s\n","NO");break;
    }
    return 0;
}
```

当从键盘输入字母 B 时,输出结果为(   )。

A. no   B. NO   C. B   D. A

9.下列叙述中正确的是(   )。

A. break 语句只能用于 switch 语句

B. 在 switch 语句中必须使用 default

C. break 语句必须与 switch 语句中的 case 配对使用

D. 在 switch 语句中,不一定使用 break 语句

10.下列程序运行后的输出结果是(   )。

```
#include<stdio.h>
int main()
{
    int a=1,b=2,c=3;
    if(a++==1&&(++b==3||c++==3))
        printf("%d,%d,%d\n",a,b,c);
}
```

A. 1 2 3   B. 2 3 3   C. 2,3,3   D. 1,2,3

11.下列程序运行后的输出结果是(   )。

```
#include<stdio.h>
int main()
{
    int i=1,n=0,s=1;
    do
    {
        n=n+s*i;
        s=-s;
        i++;
    }while(i<=5);
    printf("%d\n",n);
    return 0;
}
```

A. −3   B. 3   C. 2   D. −2

12.下列程序运行后的输出结果是(   )。

```
#include<stdio.h>
void main()
{
```

```
    int a=0,i;
    for(i=1;i<10;i++)
    {
        switch(i)
        {
        case 0:
        case 4:a+=2;
        case 1:
        case 3:a+=3;
        default:a+=5;
        }
    }
    printf("%d\n",a);
}
```

A. 31   B. 13   C. 10   D. 20

13. 下列程序运行后的输出结果是(   )。

```
#include<stdio.h>
int main()
{
    int i,j,x=0;
    for(i=0;i<2;i++)
    {
        x++;
        for(j=0;j<=3;j++)
        {
            if(j%2)
                continue;
            x++;
        }
        x++;
    }
    printf("%d\n",x);
    return 0;
}
```

A. 4   B. 8   C. 6   D. 12

14. 下列程序运行后的输出结果是(   )。

```
#include<stdio.h>
int main()
{
    int y=10;
    for( ;y>0;y--)
```

```
        if(y%3==0)
        {
            printf("%d\n",--y);
            continue;
        }
        return 0;
}
```

A. 741   B. 852   C. 963   D. 875421

15. 下列程序运行后的输出结果是(   )。

```
#include<stdio.h>
int main()
{
    int x,i;
    for(i=1;i<=100;i++)
    {
        x=i;
        if(++x%2==0)
            if(++x%3==0)
                if(++x%7==0)
                    printf("%d\t",x);
    }
    return 0;
}
```

A. 28   70   B. 42   84   C. 26   68   D. 39   81

二、填空题

1. 下列程序的功能是输出 1～600 之间所有的偶数,请填空。

```
#include<stdio.h>
main()
{
    int i=1;
    while(_____)
    {
        if(_____)
        printf("%d\t",i);
        i++;
    }
}
```

2. 下列程序的功能是求 301+302+303+…+600 的累加和,请填空。

```
#include <stdio.h>
int main()
{
```

```
    int n,s=_____;
    for(n=301;n<=600;n++)
    _____;
    printf("%d",s);
}
```

3.下列程序的功能是实现输入 3 个数,输出其中最大数,请填空。

```
#include <stdio.h>
int main()
{
    int a,b,c,max;
    scanf("%d%d%d",&a,&b,&c);
    if(a>b)
        (_____)
    else
        max=b;
    if(_____)
        max=c;
    printf("%d",max);
}
```

4.下列程序的功能是求 8! 的值,请填空。

```
#include <stdio.h>
int main()
{
    int i,s=1;
    i=1;
    while(_____)
    {
        _____
        i++;
    }
    printf("%d",s);
    return 0;
}
```

5.下列程序的功能是要求从键盘输入字符,统计其数字字符的个数,请填空。

```
#include <stdio.h>
int main()
{
    int n=0;
    char c;
    while(_____)
    {
```

```
            if(_____)
                n++;
        }
    printf(" % d",n);
    return 0;
}
```

6. 下列程序的功能是用公式 $\frac{\pi}{4}=1-\frac{1}{3}+\frac{1}{5}-\frac{1}{7}+\cdots$ 求 π 的近似值, 直到最后一项的绝对值小于 10^{-6} 为止, 请填空。

```
# include <stdio.h>
int main()
{
    int a=1,b=1,t=1;
    float pi,s=1,sum=0;
    while(_____)
    {
        sum=sum+s * t;
        t=(-1) * t;
        b=b+2;
        s=_____
    }
    pi=4 * sum;
    printf(" % f",pi);
    return 0;
}
```

7. 下列程序的功能是把 1000 以内的被 4 整除且能被 6 整除的数输出, 请填空。

```
# include<stdio.h>
int main()
{
    int n;
    for(n=1; n<=1000;n++)
    {
        if(_____)
        (_____)
        printf(" % d",n);
    }
return 0;
}
```

8. 下列程序的功能是找出满足条件 $1+2+3+\cdots+n<800$ 的最大的 n 值, 请填空。

```
# include <stdio.h>
main()
```

```
{
    int n=0,sum=0;
    do
    {
        _____;
        sum=sum+n;
    }
    while(_____);
    printf("最大的 n 值为:%d\n",n-1);
}
```

9.下列程序的功能是找出输入整数的所有因子,请填空。

```
#include<stdio.h>
int main()
{
    int n,i;
    scanf("%d",&n);
    for(i=1;_____;i++)
    {
        if(_____)
            printf("%d\n",i);
    }
    return 0;
}
```

10.下列程序的功能是计算分数数列前 20 项的和:$\dfrac{2}{1}+\dfrac{3}{2}+\dfrac{5}{3}+\dfrac{8}{5}+\cdots$,请填空。

```
#include<stdio.h>
int main()
{
    int i,a,b,t;
    float sum=0.0;
    for(_____;i<=20;i++)
    {
        sum+=_____;
        t=a+b;
        b=a;
        a=t;
    }
    printf("sum=%.2f\n",sum);
    return 0;
}
```

三、阅读分析程序

1.程序代码:

```
#include<stdio.h>
int main()
```

```
{
    int a,b,c;
    a=b=1;
    c=a++-1;
    printf("%d,%d,",a,c);
    c+=-a+++(++b||++c);
    printf("%d,%d\n",a,c);
    return 0;
}
```

程序运行结果：＿＿＿＿＿＿＿＿＿＿＿＿

2.程序代码：

```
#include<stdio.h>
int main()
{
    int a=1,b=2,c=3,t;
    while(a<b<c)
    {
        t=a;
        a=b;
        b=t;
        c--;
    }
    printf("%d,%d\n",b,c);
    return 0;
}
```

程序运行结果：＿＿＿＿＿＿＿＿＿＿＿＿

3.程序代码：

```
#include<stdio.h>
int main()
{
    int i;
    for(i=1;i<7;i++)
    {
        if(i%3!=0)
        continue;
        printf("%d\t",i);
    }
    return (0);
}
```

程序运行结果：＿＿＿＿＿＿＿＿＿＿＿＿

4.程序代码：

```
#include <stdio.h>
```

```c
int main()
{
    int i,j;
    for(i=1,j=5;i<j;i++,j--)
        printf("i=%d,j=%d\n",i,j);
    return 0;
}
```

程序运行结果：＿＿＿＿＿＿＿＿＿＿＿＿＿

5. 程序代码：

```c
#include<stdio.h>
void main()
{
    char ch;
    for(ch='A';ch<='D';ch++)
        printf("%d",ch);
}
```

程序运行结果：＿＿＿＿＿＿＿＿＿＿＿＿＿

6. 程序代码：

```c
#include<stdio.h>
int main()
{
    int k=2,i=2,m;
    m=(k+=i*=k);
    printf("%d,%d\n",m,i);
    return 0;
}
```

程序运行结果：＿＿＿＿＿＿＿＿＿＿＿＿＿

7. 程序代码：

```c
#include<stdio.h>
int main()
{
    int a=5;
    do
    {
        printf("*");
        a--;
    }while(a!=0);
    return 0;
}
```

程序运行结果：＿＿＿＿＿＿＿＿＿＿＿＿＿

8. 程序代码：

```c
# include<stdio.h>
int main()
{
    int a,b,c,d,i,j,k;
    a=10,b=c=d=5,i=j=k=0;
    for( ;a>b;++b)
    {
        i++;
    }
    while(a>++c)
    {
        j++;
    }
    do
    {
        k++;
    }while(a>d++);
    printf("i=%d,j=%d,k=%d\n",i,j,k);
    return 0;
}
```

程序运行结果：＿＿＿＿＿＿＿＿＿＿＿

9. 程序代码：

```c
# include<stdio.h>
int main()
{
    int a=5,b=3;
    switch(a>b)
    {
    case 0: a=a-b; break;
    case 1: switch(a)
        {
        case 0: a=a*b;
        case 1: a=a/b;break;
        }
    case 2: b=a*b;break;
    }
    printf("a=%d,b=%d\n",a,b);
}
```

程序运行结果：＿＿＿＿＿＿＿＿＿＿＿

10.程序代码:

```
#include<stdio.h>
int main()
{
    int a=1,b=0;
    if(! a) b++;
    else if(a==0)
            if(a)
            b+=2;
    else b+=3;
    printf(" % d\n",b);
    return 0;
}
```

程序运行结果:＿＿＿＿＿＿＿＿＿＿＿

四、程序设计

1.编写程序,从键盘上输入任意一个整数,判断其是否为偶数。

2.有如下函数:

$$y=\begin{cases} x & (x<1) \\ 2x-1 & (1\leqslant x\leqslant 10) \\ 3x-1 & (x\geqslant 10) \end{cases}$$

编写程序,使输入 x 时,输出相应的 y 的值。

3.编写程序,求 $1-3+5-7+\cdots-99+101$ 的值。

4.编写程序,从键盘上输入一行字符,分别统计出大写字母、小写字母、数字的个数。

5.编写程序,任意输入一个整数,将其倒序后输出。如输入 5678,则输出 8765。

6.编写程序,百马百担问题。共有 100 匹马,要驮 100 担货,其中大马驮 3 担,中马驮 2 担,两匹小马驮 1 担,求大、中、小马各有多少匹?

7.鸡兔同笼问题。《孙子算经》中有这样一道题:今有鸡兔同笼,上有 35 头,下有 94 足,问鸡兔各几何?

8.韩信点兵问题。韩信有一队士兵,他想知道有多少人,便让士兵排队报数。按从 1 至 5 报数,最末一个士兵的报数为 1;按从 1 至 6 报数,最末一个士兵报的数为 5;按从 1 至 7 报数,最末一个士兵报的数为 4;最后再按从 1 至 11 报数,最末一个士兵报的数为 10。请编程计算韩信至少有多少兵。

9.编写程序,输入两个正整数,求它们的最大公约数和最小公倍数,

10.按要求编写程序。根据输入的三角形的边长,判断是否能组成三角形,若可以则输出它的面积和类型(等腰,等边,直角,普通)。

11.编程程序,根据某人的身高和体重判断其身体指数。

身体指数与体重、身高的关系为:

身体指数: $t=w/h^2$ (w 表示体重,单位为 kg,h 表示身高,单位为 m)

当 t<18 时,偏瘦;

当 18≤t<25 时,正常体重;

当 25≤t<27 时,超重;

当 t≥27 时,肥胖。

12.编写程序,按要求输入年份和月份,在屏幕上输出该月的天数。

13.一个球从 100 米高度自由落下,每次落地后反跳回原高度的一半,再落下,再反弹。编写程序求它在第 10 次落地时,共经过多少米以及第 10 次反弹的高度。

14.两个乒乓球队进行比赛,各出 3 人。甲队为 A,B,C 3 人,乙队为 X,Y,Z 3 人。通过抽签决定比赛名单。有人向队员打听比赛的名单,A 说他不和 X 比;C 说他不和 X,Z 比;请编写程序找出 3 对赛手名单。

15.一个数如果恰好等于它的因子之和,这个数就称为"完数"。例如,6 的因子为 1,2,3,而 6=1+2+3,因此 6 是"完数"。编写程序,找出 1000 以内的所有完数,并按下面格式输出其因子:

6 its factors are 1,2,3

16.一张纸的厚度为 0.01 mm,珠穆朗玛峰的高度为 8848.13 m,假如纸张有足够大,编写程序,将纸对折多少次后可以超过珠穆朗玛峰的高度。

17.编写程序,小明有 5 本新书,要借给 A、B、C 三位小朋友,若每人每次只能借一本,共有多少种借书的方案?请列出每种具体的借书方案。

18.编写程序,输出如下的图形。

```
1
2    4
3    6    9
4    8    12   16
5    10   15   20   25
6    12   18   24   30   36
```

19.编写程序,输出如下的图形。

```
      *
    * * *
  * * * * *
* * * * * * *
  * * * * *
    * * *
      *
```

第4章
数组

在前几章中我们学习了整型、字符型、浮点型数据类型，这些数据类型在 C 语言中属于基本数据类型，可以在程序中处理简单的数据要求。当遇到复杂数据处理时会发生以下情况：

例　要求读入 5 个同学某课程的成绩，然后求平均成绩。

根据我们前面的学习此问题可以这样做：

首先定义 5 个不同名称的整型变量，再使用多个 scanf()输入成绩，然后……

```
int score1, score2, score3, score4, score5;
scanf(" % d",&score1);
scanf(" % d",&score2);
……
```

假如我们要输入 100 个或者更多同学的成绩，按上例我们要定义多少个变量？

因此，对于复杂数据的处理，我们通常采用复杂数据类型来实现，本章介绍的数组即属于复杂数据类型中的一种，它是一组具有相同数据类型的存储单元。本章节主要介绍常用的一维数组、二维数组和字符数组的定义及使用方法。

4.1　数组的基本概念

所谓数组，就是相同数据类型的元素按一定顺序排列的集合。构成一个数组的这些变量称为数组元素。数组有一个统一的名字叫数组名。数组按下标个数分类有一维数组、二维数组等，二维以上数组通常称为多维数组。

按照数组元素的数据类型可以把数组分为数值型数组、字符型数组等。

4.2　一维数组

4.2.1　一维数组的定义

每个元素只带一个下标的数组，称为一维数组。一维数组定义的一般形式如下：

类型说明符　数组名　［常量表达式］；

其中,数组名即该数组变量名称,须遵循 C 语言标识符规则。常量表达式表示数组中有多少个元素,即数组的长度。[]为下标运算符。

例如　int a［10］

定义了一个数组 a,元素个数为 10,数组元素类型为整型。

任何数组在使用之前都必须进行定义,即指定数组的名称、大小和元素类型。数组定义好后,系统将在内存中为它分配一个所申请大小的空间,该空间大小固定,不能改变,但数组元素值可以改变。

一维数组在定义时要注意:

①常量表达式:表示数组元素个数(数组的长度)。可以是整型常量或符号常量,不允许用变量。

整型常量表达式在说明数组元素个数的同时也确定了数组元素下标的范围,下标从 0 开始~整型常量表达式—1(注意不是 1~整型常量表达式)结束。

②系统在内存中的分配是连续的,如 int a［10］,即内存连续分配 10 个 int 空间给此数组。

③直接对 a 的访问,就是访问此数组的首地址。不能用 a 代表 a[0]~a[9]这十个元素。数组名是地址常量,a 是这十个连续存储单元的首地址,a 就是 ＆a[0],不能给 a 赋值。

例如:int a［10］

整型数组 a 在内存中的存储形式如图 4-1 所示。

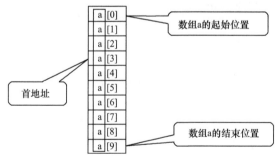

图 4-1　数组元素存储形式

④存储一个一维数组所需要的内存字节数可以用下列公式计算:

sizeof(类型) * 数组长度=总字节数

4.2.2　一维数组的引用

在 C 语言中,在定义数组并对其中各个元素赋值后,就可引用数组中的元素。但应注意,不能一次引用整个数组,即不能把一个数组作为一个整体来进行运算,如赋值运算、

C语言程序设计

算术运算和关系运算等(字符数组的输入/输出除外)。

一维数组元素引用的一般形式:

数组名[下标名]

知识小贴士

> 下标表示该数组在数组中的顺序号,可以是整型常量、整型变量或整型表达式。在 C 语言中,数组的下标从 0 开始,合理的取值范围为 0~(数组长度-1)。
>
> 例如:a[3]是数组的第 4 个元素,它前面还有:a[0],a[1],a[2]。

【例 4-1】 分析以下程序的运行结果

```c
#include<stdio.h>
int main()
{
    int a[5],i;                      //定义了一个有 5 个元素的 int 型数组 a
    i=3;
    a[0]=45;                         // a[0]赋值为 45
    printf("%d\n",a[i-2]=a[0]+2);    //i 的初值为 3,即 i-2=1,a[1]=45+2
    return 0;
}
```

程序运行结果:

```
47
Press any key to continue
```

【例 4-2】 分析以下程序的运行结果

```c
#include<stdio.h>
int main()
{
    int i,a[10];                 //定义了一个有 10 个元素的 int 型数组 a
    for(i=0;i<10;i++)
    a[i]=2*i+1;                  //给每个数组元素赋值
    printf("%d,%d\n",a[3],a[7]); //输出数组元素 a[3],a[7]的值
    return 0;
}
```

程序运行结果:

```
7,15
Press any key to continue
```

【例 4-3】 从键盘输入 10 个整数,分别按正序和逆序将其输出。

分析 此题可以先定义一个数组元素为 10 的整型数组,依次将输入的 10 个整数赋值给 10 个数组元素,正序输出就是从数组元素的第一个元素依次逐个输出,逆序即从数

组元素的最后一个元素依次输出。

程序代码如下：

```c
#include<stdio.h>
int main()
{
    int i,a[10];
    printf("请输入 10 个整数:");
    for(i=0;i<=9;i++)
        scanf("%d",&a[i]);       //思考:假如输入数据为 0~9,该行语句可否改为 a[i]=i;
    for(i=0;i<=9; i++)
        printf("%2d ",a[i]);
    printf("\n");
    for(i=9;i>=0;i--)
        printf("%2d ",a[i]);
    printf("\n");
    return 0;
}
```

程序输入及程序运行结果：

请输入 10 个整数:0 1 2 3 4 5 6 7 8 9↙

```
请输入10个整数: 0 1 2 3 4 5 6 7 8 9
 0 1 2 3 4 5 6 7 8 9
 9 8 7 6 5 4 3 2 1 0
Press any key to continue
```

【例 4-4】　编写程序实现从键盘任意输入 10 个整数,找出其中的最大值。

分析　此题可以用我们之前所学知识点找出最大值,但现在我们用数组知识点来找出最大值。首先定义一个数组元素为 10 的整型数组,依次将输入的 10 个整数赋值给10 个数组元素,然后把第一个数组元素 a[0]设为最大值,再分别与其他 9 个数组元素进行比较。在比较过程中,若遇到比它大的数组元素则替换它,这样比较完毕即可找到最大值,算法描述如图 4-2 所示。

程序代码如下：

```c
#include<stdio.h>
int main()
{
    int a[10],i,max;
    printf("从键盘上输入 10 个整数:");
    for(i=0;i<10;i++)
        scanf("%d", &a[i]);
    max=a[0];
    for(i=1; i<10;i++)
        if(a[i]>max)
            max = a[i];
```

```
    printf("最大值为：% d\n",max);
    return 0;
}
```

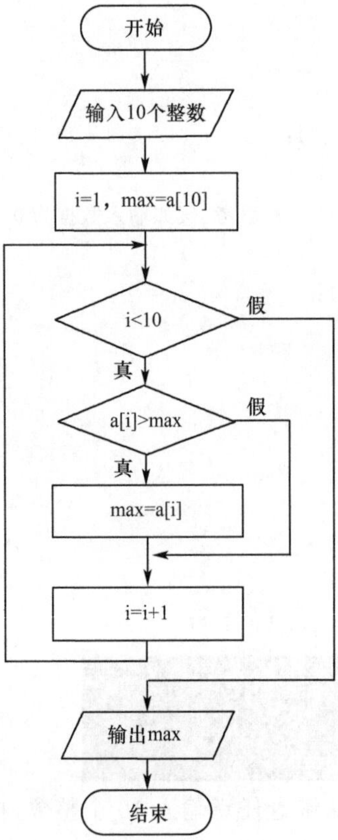

图 4-2 【例 4-4】算法流程图

程序输入及程序运行结果：

从键盘上输入 10 个整数：1 2 3 4 55 66 7 8 9 10↙

4.2.3 一维数组的初始化

在定义一维数组的同时，给数组元素赋初值称为一维数组的初始化。

一维数组初始化的一般形式：

类型说明符 数组名［常量表达式］＝｛常量表达式 0，…，常量表达式 n－1｝；

其中，等号之前是一维数组定义的一般形式，大括号"{}"中给出的数值是对应数组元素的初值(初值数值类型须与类型说明一致)，各个值之间用逗号分隔。系统将自动按顺序从 a[0]开始依次赋值给 a(数组名)数组中的元素。

一维数组初始化常见的几种形式：

（1）对数组所有元素赋初值,常量表达式的个数应与数组中元素的个数相同。

例如：int a[5]={1,2,3,4,5};

经初始化后的数组元素值为:a[0]=1,a[1]=2,a[2]=3,a[3]=4,a[4]=5。

当给所有元素赋初值时,此时数组定义中数组长度可以省略。编译系统能自动计算该数组包含多少个元素,并分配足够的存储空间。

例如:int a[ ]={1,2,3,4,5};

经初始化后的数组元素的值同 int a[5]={1,2,3,4,5}的赋值方式一样。

●知识小贴士 ● ● ● ● ● ● ● ● ● ● ● ● ●

　　若{ }中初值的个数大于数组元素的个数,则编译时会出现"too many initializes"(初值个数太多)之类的错误(即不能越界)。

（2）对数组部分元素赋初值,此时数组长度不能省略。

例如:int a[5]={1,2};

　　　a[0]=1,a[1]=2,其余元素为编译系统指定的默认值 0。

例如:char a [5]={'a'};

　　　a[0]='a',其余元素为编译系统指定的默认值'\0'。

（3）对数组的所有元素赋初值 0。

例如:int a[5]={0};

如果不进行初始化,如定义"int a[5];"那么数组元素的值是随机的,而不认为默认值是 0。

（4）除了在定义数组时可用初值列表为数组整体赋值外,其他情况不能对数组进行整体赋值。

（5）不能同时定义两个相同的数组,并给它们赋相同的初值。

【例 4-5】　分析以下程序的运行结果。

```c
#include<stdio.h>
int main()
{
    int a[5]={1,2,3,4,5};
    int b[5]={1,2};
    int i;
    for(i=0;i<5;i++)
        printf("a[%d]=%d,b[%d]=%d\n",i,a[i],i,b[i]);
    return 0;
}
```

程序运行结果：

```
a[0]=1,b[0]=1
a[1]=2,b[1]=2
a[2]=3,b[2]=0
a[3]=4,b[3]=0
a[4]=5,b[4]=0
Press any key to continue_
```

4.2.4 一维数组的应用举例

【例4-6】 编写程序：某比赛项目有六个评委，根据评委评分（百分制整数）情况，去掉一个最高分和一个最低分，剩余的分数取平均分作为选手得分。

分析 定义一个整型一维数组 int a[6]用于存放评委成绩，再定义变量 max、min 表示最高分、最低分。然后将第一个数组元素 a[0]的值设置为最高分和最低分，再用 for 循环依次让 a[1]~a[5]数组元素的值与 max 和 min 进行比较，即可找出最高分和最低分，最后再求平均分。

```c
#include<stdio.h>
int main()
{
    int a[6],i,max,min,sum=0;
    float average;
    printf("请输入评委打分成绩:");
    for(i=0;i<6;i++)
    {
        scanf("%d",&a[i]);
        sum=sum+a[i];
    }
    max=min=a[0];
    for(i=1;i<6;i++)
    {
        if(a[i]>max) max=a[i];
        if(a[i]<min) min=a[i];
    }
    average=(sum-max-min)/4;
    printf("去掉一个最高分:%d\n去掉一个最低分:%d\n最终得分:%.2f\n",max,min,average);
    return 0;
}
```

程序输入及程序运行结果：

请输入评委打分成绩:99 92 94 93 95 90↙

```
请输入评委打分成绩: 99 92 94 93 95 90
去掉一个最高分: 99
去掉一个最低分: 90
最终得分: 93.50
Press any key to continue_
```

【例 4-7】　利用数组求 Fibonacci(斐波那契)序列:1,1,2,3,5,8,13,…的前 40 项,要求每行输出 5 项。

分析　在前一章节【例 3-27】中,我们只定义几个变量,然后程序可以按照顺序计算并输出各数。如果现在利用数组来处理,可以先归结为以下数学公式:

$$fn \begin{cases} f_1 = 1 & (n=1) \\ f_2 = 1 & (n=2) \\ f_n = f_{n-1} + f_{n-2} & (n \geqslant 3) \end{cases}$$

从公式中可以看出:数列组成是有规律的,数列的前两项都是 1,从第三项开始,每个数据项的值为前两个数据项的和,采用递推方法来实现。可以用一个一维整型数组 f[40] 来保存这个数列的前 40 项。其算法流程图如图 4-3 所示。

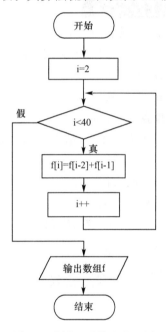

图 4-3　【例 4-7】算法流程图

程序代码如下:

```
# include <stdio.h>
int main()
{
    int i;
    int f[40]={1,1};              //给数组元素 f[0]、f[1]赋值初值,f[0]=1,f[1]=1
    for(i=2; i<40; i++)           //i=2,即 f[2],是数组的第三的个元素
        f[i]=f[i-1]+f[i-2];
    for(i=0; i<40; i++)
    {
        if(i%5==0)
            printf("\n");
```

```
        printf("%10d",f[i]);           /*思考:如果把该条语句写在 if 语句前,输出结果有
                                        什么不一样。*/
    }
    return 0;
}
```

程序运行结果:

```
        1           1           2           3           5
        8          13          21          34          55
       89         144         233         377         610
      987        1597        2584        4181        6765
    10946       17711       28657       46368       75025
   121393      196418      317811      514229      832040
  1346269     2178309     3524578     5702887     9227465
 14930352    24157817    39088169    63245986   102334155
Press any key to continue_
```

【例 4-8】 采用"冒泡排序法"对任意输入的 10 个整数按由小到大的顺序排序。

分析 冒泡排序法是将相邻的两个数进行比较,将小的调到大的前面。排序过程:

①比较第 1 个数与第 2 个数,若 a[0]＞a[1],则交换它们的位置;然后比较第 2 个数与第 3 个数;依次类推,直至第 n−1 个数和第 n 个数比较为止即第一趟冒泡排序,结果最大的数被安置于最后一个元素位置上。

②对前 n−1 个数进行第二趟冒泡排序,结果使次大的数被安置于 n−1 个元素位置上。

③重复上述过程,共经过 n−1 趟冒泡排序后,排序结束。

以 10 个数为例,冒泡排序过程示例见表 4-1。

表 4-1 冒泡排序过程示例

状态	10 个整数存放于 int a[10]										说明
	a[0]	a[1]	a[2]	a[3]	a[4]	a[5]	a[6]	a[7]	a[8]	a[9]	
起始状态	9	8	7	6	5	4	3	2	1	0	相邻两个数进行比较
第 1 趟排序后	8	7	6	5	4	3	2	1	0	9	当有 10 个数时,比较了 9 次后最大一个数放在最后一个元素位置。下一趟排序为剩下 9 个数。
第 2 趟排序后	7	6	5	4	3	2	1	0	8	9	比较了 8 次,最大一个数被安置于 n−1 个元素位置上。
第 3 趟排序后	6	5	4	3	2	1	0	7	8	9	
第 4 趟排序后	5	4	3	2	1	0	6	7	8	9	
第 5 趟排序后	4	3	2	1	0	5	6	7	8	9	
第 6 趟排序后	3	2	1	0	4	5	6	7	8	9	同上,依次类推
第 7 趟排序后	2	1	0	3	4	5	6	7	8	9	
第 8 趟排序后	1	0	2	3	4	5	6	7	8	9	
第 9 趟排序后	0	1	2	3	4	5	6	7	8	9	

程序代码如下：

```
# include <stdio.h>
int main()
{
    int a[10],i,j,t;
    printf("请输入 10 个整数:");
    for(i=0;i<10;i++)
        scanf("%d",&a[i]);
    for(i=0;i<10;i++)
        for(j=0;j<9-i;j++)
            if(a[j]>a[j+1])
                {t=a[j];a[j]=a[j+1];a[j+1]=t;}
    printf("从小到大顺序排序:");
    for(i=0; i<10;i++)
        printf("%d ",a[i]);
    printf("\n");
    return 0;
}
```

程序输入及程序运行结果：

请输入 10 个整数：1 3 5 7 9 2 4 6 8 0↙

4.3 二维数组

4.3.1 二维数组的定义

二维数组就是由若干个一维数组组成的,对二维数组的操作就是多次对一维数组的操作,一维数组的遍历是一层循环,二维数组的操作就是循环的嵌套了。

二维数组定义的一般形式是：

类型说明符 数组名［常量表达式 1］［常量表达式 2］

其中,常量表达式 1 表示行数,常量表达式 2 表示列数。两个表达式分别用下标运算符［］括起来。

二维数组中数组元素的个数＝行数×列数,存储一个二维数组所需要的内存字节数可以用下列公式计算：

总字节数＝sizeof(类型)×行数×列数

例如：int a ［3］［4］;

int a ［3］［4］为一个 3 行 4 列的 int 数组 a,共有 3×4＝12 个数组元素,存储数组 a 所需的内存空间为：sizeof(int)×3×4＝24 字节。

（1）二维数组中每个数组元素的数据类型均相同。

（2）C 语言中的二维数组在概念上是二维的，有行列之分，存放规律是"按行排列"（即先存储第一行的元素，再存储第二行的元素，依次类推），如图 4-4 所示。但在实际中硬件存储器是连续编址的，内存单元是线性排列的。因此在一维存储器中存放二维数组，C 语言采用按行存储的方式，即先存储第一行的元素，然后再存储第二行的元素，依次类推，如图 4-5 所示。

（3）二维数组可以看作数组元素为一维数组的数组。

```
a[0][0]  a[0][1]  a[0][2]  a[0][3]
a[1][0]  a[1][1]  a[1][2]  a[1][3]
a[2][0]  a[2][1]  a[2][2]  a[2][3]
```

图 4-4　概念上二维数组表示形式

...
a[0][0]
a[0][1]
a[0][2]
a[0][3]
a[1][0]
a[1][1]
...
a[2][2]
a[2][3]
...

图 4-5　二维数组在内存中的存储形式

4.3.2　二维数组的引用

二维数组中各元素的引用形式为：

数组名[下标 1][下标 2]

其中，下标可以是整型常量、整型变量或整型表达式。下标的值用于表示一个数组元素在数组中的位置。[下标 1]可称为行下标，指示要引用的数组元素所在行的位置；[下标 2]可称为列下标，指示要引用的数组元素所在列的位置。行下标的合理取值范围是 0～（行数－1），列下标的合理取值范围是 0～（列数－1）。

【例 4-9】　分析以下程序的运行结果。

```
#include<stdio.h>
```

```
int main()
{
    int a[3][4],i,j;
    for(i=0;i<3;i++)
        for(j=0;j<4;j++)
            a[i][j]=i*4+j;              //给二维数组元素赋值
    for(i=0;i<3;i++)
    {
        for(j=0;j<4;j++)
            printf("%4d",a[i][j]);      //按行进行输出
        printf("\n");
    }
    return 0;
}
```

程序运行结果：

```
0   1   2   3
4   5   6   7
8   9  10  11
Press any key to continue_
```

●知识小贴士 ● ● ● ● ● ● ● ● ● ● ● ● ● ● ● ● ● ● ●

　　二维数组的行下标和列下标取值时一定要注意范围,应避免出现下标越界的错误。

【例 4-10】　编写程序计算下列给定 3×3 矩阵的两条对角线所有元素之和。

$$\begin{bmatrix} 1 & 2 & 3 \\ 4 & 5 & 6 \\ 7 & 8 & 9 \end{bmatrix}$$

　　分析　主对角线上的元素为 a[0][0]、a[1][1]、a[2][2],通过观察可以发现它们的行下标与列下标的值是相同的,即各个元素可以表示为 a[i][i];次对角线上的元素为 a[2][0]、a[1][1]、a[0][2],通过观察可以发现它们的行下标与列下标的和为 2,即各个元素可表示为 a[i][2-i],所以利用循环就能方便地求出两条对角线上所有元素之和。

```
#include<stdio.h>
int main()
{
    int a[3][3]={1,2,3,4,5,6,7,8,9},sum=0,i;
    for(i=0;i<3;i++)
        sum+=a[i][i];               //主对角线上的元素求和
    for(i=0;i<3;i++)
```

```
        sum+=a[2-i][i];              //次对角线上的元素求和
    printf("sum= % d\n",sum);
return 0;
}
```

程序运行结果：

```
sum=30
Press any key to continue
```

4.3.3　二维数组的初始化

二维数组的初始化的几种常见形式：

1.不分行给二维数组所有元素赋初值,即按数组存储时的排列顺序赋初始值。

例如:int a[3][4]={1,2,3,4,5,6,7,8,9,10,11,12};

a[0][0]=1	a[0][1]=2	a[0][2]=3	a[0][3]=4
a[1][0]=5	a[1][1]=6	a[1][2]=7	a[1][3]=8
a[2][0]=9	a[2][1]=10	a[2][2]=11	a[2][3]=12

2.分行给二维数组所有元素赋初值。

这种方式是把第 1 个大括号内的数据赋给第 1 行的元素,把第 2 个大括号内的数据赋给第 2 行的数据,依次类推,即按行赋初值。

例如:int a[3][4]={{1,2,3,4},{5,6,7,8},{9,10,11,12}};

3.给二维数组所有元素赋初值,二维数组第一维的长度可以省略。

例如:int a[][4]={1,2,3,4,5,6,7,8};

　或:int a[][4]={{1,2,3,4},{5,6,7,8}};

4.对部分元素赋初值,其他元素补 0 或'\0'。

例如:int a[2][4]={{1,2},{5}};

a[0][0]=1	a[0][1]=2	a[0][2]=0	a[0][3]=0
a[1][0]=5	a[1][1]=0	a[1][2]=0	a[1][3]=0

【例 4-11】　分析以下程序的运行结果。

```
#include<stdio.h>
int main()
{
    int a[2][3]={1,2,3,4,5,6},i,j;
    printf("int a[2][3]输出格式为:\n");
    for(i=0;i<2;i++)
        {
            for(j=0;j<3;j++)
                printf(" % d\t",a[i][j]);
            printf("\n");
        }
}
```

```
        return 0;
}
```

程序运行结果：

```
int a[2][3]输出格式为：
  1  2  3
  4  5  6
Press any key to continue
```

【例 4-12】　编写一个程序，将一个 3 行 3 列的二维数组的行列元素互换，二维数组如下：

$$A = \begin{bmatrix} 1 & 2 & 3 \\ 4 & 5 & 6 \\ 7 & 8 & 9 \end{bmatrix} \qquad A' = \begin{bmatrix} 1 & 4 & 7 \\ 2 & 5 & 8 \\ 3 & 6 & 9 \end{bmatrix}$$

分析　通过仔细观察，可以发现该二维数组的数组元素：a[0][1] 与 a[1][0]，a[0][2] 与 a[2][0]，a[1][2] 与 a[2][1] 进行交换（上三角部分与下三角部分）即可实现行列元素互换。因此，可以定义一个 int a[i][j]，在对应交换的元素上进行 a[i][j] 与 a[j][i] 交换即可实现。

程序代码如下：

```
#include<stdio.h>
int main()
{
    int a[3][3]={1,2,3,4,5,6,7,8,9};
    int i,j,t;
    printf("原二维数组为:\n");
    for(i=0;i<3;i++)
    {
        for(j=0;j<3;j++)
            printf("%3d",a[i][j]);
        printf("\n");
    }
    for(i=0;i<3;i++)
        for(j=0;j<i;j++)          //思考能否将 j<i 改成 j<3
            {t=a[i][j];a[i][j]=a[j][i];a[j][i]=t;}
    printf("行列元素互换后:\n");
    for(i=0;i<3;i++)
    {
        for(j=0;j<3;j++)
            printf("%3d",a[i][j]);
        printf("\n");
    }
    return 0;
}
```

程序运行结果：

```
原二维数组为：
  1   2   3
  4   5   6
  7   8   9
行列元素互换后：
  1   4   7
  2   5   8
  3   6   9
Press any key to continue
```

4.3.4 二维数组的应用举例

【例4-13】 找出如下3×4矩阵中最大元素的值及其行号、列号。

$$a_{3\times4}=\begin{bmatrix}1&2&3&4\\9&10&11&12\\5&6&7&8\end{bmatrix}$$

分析 首先定义一个二维数组 int a[3][4]并进行初始化，再定义最大值 max，行号 row，列号 column。然后将矩阵中第一个数组元素值设置为最大值，即 max=a[0][0]，row=0，column=0。再将后面的元素按行依次和 max 进行比较，若比较中的元素值比 max 大则将该元素的值赋值给 max，同时记录该元素值的行号和列号。

程序代码如下：

```c
#include<stdio.h>
int main()
{
    int a[3][4]={1,2,3,4,9,10,11,12,5,6,7,8};
    int i,j,max,row=0,column=0;
    max=a[0][0];
    for(i=0;i<=2;i++)
        for(j=0;j<=3;j++)
            if(a[i][j]>max)
            {
                max=a[i][j];
                row=i;          //记录最大值行号
                column=j;       //记录最大值列号
            }
    printf("max=%d,row=%d,column=%d\n",max,row,column);
    return 0;
}
```

程序运行结果：

```
max=12,row=1,column=3
Press any key to continue
```

【例 4-14】 编写程序输出如下形式的杨辉三角形。

```
1
1  1
1  2  1
1  3  3  1
1  4  6  4  1
1  5  10  10  5  1
```

分析 杨辉三角,是二项式系数在三角形中的一种几何排列。在欧洲,这个表叫作帕斯卡三角形。杨辉三角中,数的排列规律是每一行两端都是 1,其余各数都是上一行中与此数最相邻的两个数之和。

程序代码如下:

```c
#include<stdio.h>
int main()
{
    int i,j,a[6][6];
    for(i=0;i<6;i++)
    {
        a[i][0]=1;              //设置第一列的数据元素值均为1
        a[i][i]=1;              //设置每一列的最后一个元素值均为1
    }
    for(i=1;i<6;i++)
        for(j=1;j<i;j++)
            a[i][j]=a[i-1][j-1]+a[i-1][j];  /*每行除两端的数,其余各数都是上一
                                              行中与此数最相邻的两个数之
                                              和。*/
    for(i=0;i<6;i++)
    {
        for(j=0;j<=i;j++)
            printf(" %5d",a[i][j]);
        printf("\n");
    }
    return 0;
}
```

程序运行结果如下:

【例 4-15】 编写程序,从键盘上输入 4 名同学的学号,C 语言、大学英语、高等数学课程成绩,并输出每个同学的平均分。

分析 从题干分析 4 名同学 3 门课程成绩可以定义一个二维数组 a[4][3]存放,再定义两个一维数组 num[4],average[4]用于存放每名同学的学号,平均成绩。

程序代码如下:

```
#include<stdio.h>
int main()
{
    int i,j,a[4][3],num[4],sum=0;
    float average[4];
    printf("请依次输入 4 名同学的学号和课程成绩:\n");
    for(i=0;i<4;i++)
    {
        scanf("%d",&num[i]);              //输入学生学号
        for(j=0;j<3;j++)
        {
            scanf("%d",&a[i][j]);         //输入对应学号学生成绩
            sum=sum+a[i][j];
        }
        average[i]=sum/3;
        sum=0;                            //思考是否可以删除该条语句
    }
    printf("学号\tc 语言\t 英语\t 数学\t 平均分\n");
    for(i=0;i<4;i++)
    {
        printf("%d\t",num[i]);           //输出学生学号
        for(j=0;j<3;j++)
            printf("%d\t",a[i][j]);      //输出对应学号的学生成绩
        printf("%.2f\n",average[i]);
    }
}
```

程序输入及程序运行结果:

请依次输入 4 名同学的学号和课程成绩:

1001 89 97 88

1002 98 86 77

1003 84 68 89

1004 96 78 86↙

```
请依次输入4名同学的学号和课程成绩:
1001 89 97 88
1002 98 86 77
1003 84 68 89
1004 96 78 86
学号      c语言     英语      数学      平均分
1001      89       97       88       91.00
1002      98       86       77       87.00
1003      84       68       89       80.00
1004      96       78       86       86.00
Press any key to continue_
```

4.4　字符数组

4.4.1　字符数组的定义

用来存放字符数据的数组是字符数组,字符数组中的一个元素存放一个字符,定义字符数组的方法与定义数值型数组的方法类似。字符数组也分为一维数组和二(多)维数组。

一维字符数组的一般形式:

char 数组名 [常量表达式];

例如:char ch[5];　定义了一个一维字符数组 ch,元素个数为 5,数组元素的类型为字符型。

ch[0]='h',ch[1]='e',ch[2]='l',ch[3]='l',ch[4]='o';

以上字符数组元素赋值后,内存中的存储映像如图 4-6 所示。

ch[0]	ch[1]	ch[2]	ch[3]	ch[4]
'h'	'e'	'l'	'l'	'o'

图 4-6 字符数组在内存中的存储映像

二维字符数组的一般形式:

char 数组名 [常量表达式 1][常量表达式 1];

例如:char ch[2][3];定义了一个二维字符数组 ch,元素个数为 $2 \times 3 = 6$,数组元素的类型为字符型。

ch[0][0]='a'　　　ch[0][1]='b'　　　ch[0][2]='c'

ch[1][0]='d'　　　ch[1][1]='e'　　　ch[1][2]='f'

4.4.2　字符数组的初始化

字符数组的初始化与普通数组的初始化方法一样,有全部初始化和部分初始化。

例如:char ch[5]={'h','e','l','l','o'};

以上语句对字符数字 ch 全部初始化,相当于:

ch[0]='h',ch[1]='e',ch[2]='l',ch[3]='l',ch[4]='o';

也可以写成:char ch[ ]={'h','e','l','l','o'};省略数组长度。

知识小贴士

二维字符数组初始化的方法与上述一维字符数组类似。

【例 4-16】　从键盘上输入一行字符,统计其大写字母的个数,并将所有的大写字母转换成小写字母后输出该行字符。

分析 该题可以用一个字符数组来存储从键盘上输入的一行字符,因 C 语言规定在定义数组的时候必须指定数组元素的长度,而输入的字符个数并不确定,故先假定输入的字符个数不超出 20 个,以回车键作为输入过程的结束。

程序代码如下:

```c
#include<stdio.h>
int main()
{
    int i,n=0;
    char s[20];
    printf("请输入一行字符:");
    for(i=0;(s[i]=getchar())!='\n';i++)
        if(s[i]>='A'&&s[i]<='Z')
            n++;
    printf("n=%d\n",n);
    for(i=0;s[i]!='\n';i++)
        if(s[i]>='A'&&s[i]<='Z')
            printf("%c",s[i]+32);
        else
            printf("%c",s[i]);
    printf("\n");
    return 0;
}
```

程序输入及程序运行结果:

请输入一行字符:abcdABCD↙

```
请输入一行字符:abcdABCD
n=4
abcdabcd
Press any key to continue
```

4.4.3 用字符数组存储字符串

字符串常量就是用双引号括起来的若干个字符。例如,"China"。但实际上,在内存中存储这个字符串常量时,除了要存储我们看到的字符外,还要在这些字符后存储一个'\0'作为字符串的结束标志。

例如:字符串常量"China"的内存映象如图 4-7 所示。

| C | h | i | n | a | \0 |

图 4-7 字符串常量"China"的内存映像

由于有了字符串结束标志'\0'的存在,字符串常量"China"的字符串长度虽然只有 5,但在内存中却占 6 个存储单元。

> **知识小贴士** ● ● ● ● ● ● ● ● ● ● ● ● ● ● ●
>
> 字符串的末尾结束必须有'\0'字符,用它作为字符串结束标志。因此,在内存中要比字符逐个赋值多占一个字节。'\0'是由 C 语言编译器自动加上的,在输出时不予显示。

1. 用字符串常量初始化一维字符数组

例如：

①char a1[6] = {"China"};

②char a2[6] = "China"；　　//可以省略花括号

③char a3[ ] = {"China"}；　/ * 给所有元素赋初值时,此时数组定义中数组长度
　　　　　　　　　　　　　　　　可以省略。 * /

④char a4[ ] = "China"；

以上几种方法中,第①、②种明确指出了数组大小,由于字符串"China"在内存中需占用 6 个字节的存储空间,因此数组定义时长度不能小于 6,才能保证将完整的字符串包括结束标志'\0'存入其中。第③、④种缺省了数组长度的下标,系统将根据字符串"China"的长度自动为数组分配 6 个字节的存储空间。以上四种初始化一维字符数组的存储示意图如图 4-8 所示。

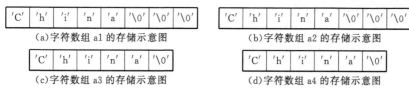

'C'	'h'	'i'	'n'	'a'	'\0'	'\0'	'\0'

（a）字符数组 a1 的存储示意图

'C'	'h'	'i'	'n'	'a'	'\0'	'\0'	'\0'

（b）字符数组 a2 的存储示意图

'C'	'h'	'i'	'n'	'a'	'\0'

（c）字符数组 a3 的存储示意图

'C'	'h'	'i'	'n'	'a'	'\0'

（d）字符数组 a4 的存储示意图

图 4-8　四种初始化一维字符数组的存储示意图

2. 用字符串常量初始化二维字符数组

例如：

①char a[2][8] = {"China"，"Beijing"}；

　等价于：

　char a[2][8] = {{ 'C', 'h', 'i', 'n', 'a', '\0'},{'B', 'e', 'i', 'j', 'i', 'n', 'g', '\0'}}；

②char b[ ][8] = {"China"，"Beijing"}；

以上第①种方法是明确指出二维数组的行、列下标,第②种方法是缺省二维数组的行下标。注意到以上两种方法必须在两个字符串常量"China"、"Beijing"的两侧加上大括号。也就是说,如果写成"char a[2][8] = "China"，"Beijing"；",系统编译时会报错。以上两种初始化二维字符数组的存储示意图如图 4-9 所示。

'C'	'h'	'i'	'n'	'a'	'\0'	'\0'	'\0'
'B'	'e'	'i'	'j'	'i'	'n'	'g'	'\0'

图 4-9　二维字符数组的存储示意图

4.4.4　字符数组的输入/输出

1. 按%c 格式符逐个字符输入/输出

【例 4-17】　从键盘上随机输入字符串,然后将其输出显示。

```c
#include<stdio.h>
int main()
{
    int i;
```

```
    char str[8];
    printf("请输入字符串:");
    for(i=0;i<8;i++)
        scanf("%c",&str[i]);
        printf("输出字符串为:");
    for(i=0;i<8;i++)
        printf("%c",str[i]);
    printf("\n");
    return 0;
}
```

程序输入及程序运行结果:

请输入字符串:abcd1234↙

```
请输入字符串:abcd1234
输出字符串为:abcd1234
Press any key to continue
```

2.按%s格式符逐个字符输入/输出

【例4-18】 用%s格式从键盘上随机输入字符串,然后将其输出显示。

```
#include<stdio.h>
int main()
{
    char str1[5],str2[5],str3[5];        //输入的字符串不能超过定义的长度
    printf("请输入字符串:");
    scanf("%s%s%s",str1,str2,str3);      //数组名前不加取址运算符"&"
    printf("输出字符串为:");
    printf("%s %s %s",str1,str2,str3);
    printf("\n");
    return 0;
}
```

程序输入及程序运行结果:

请输入字符串:how are you↙

```
请输入字符串:how are you
输出字符串为:how are you
Press any key to continue
```

知识小贴士

1.在【例4-18】程序中,从键盘输入:

how are you↙

则实际输入到:

str1	h	o	w	\0	\0	\0
str2	a	r	e	\0	\0	\0
str3	y	o	u	\0	\0	\0

2. 若有以下定义：

char s[10];

则以下赋值是不合法的：

s="hello";

因为，字符串常量在赋值过程中给出的是这个字符串在内存中所占的一串连续存储单元（无名一维字符数组）的首地址，而 s 是一个不可重新赋值的数组名。

4.4.5　字符串处理函数

C 语言提供了丰富的字符串处理函数，可以实现字符串的输入、输出、连接、比较、转换、复制和搜索等功能。在使用字符串处理函数时，要用编译预处理命令 #include 将头文件"string. h"包含进来（即：#include<string. h>），函数 puts( ) 和 gets( ) 除外（需要包含头文件"stdio. h"）。使用这些函数可以大大提高编程的效率。

1. 字符串输出函数 puts( )

字符串输出函数其一般形式为：

puts（字符数组名）；

功能：把字符数组中的字符串输出到终端，并在输出时将字符串结束标志'\0'转换成'\n'，因此，输出字符串后自动换行。

【例 4-19】　利用 puts( )函数输出字符数组内容。

```
# include <stdio.h>
# include<string.h>              //字符串处理函数头文件
int main( )
{
    char s[]="hello\nworld";
    puts(s);
    return 0;
}
```

程序运行结果：

```
hello
world
Press any key to continue_
```

2. 字符串输入函数 gets( )

字符串输入函数其一般形式为：

gets（字符数组名）；

功能：接收从终端输入的字符串，并将该字符串存放到字符数组名所指定的字符数组中。在输入中以第一个'\n'为止，存放到字符数组时系统自动将'\n'置换成'\0'。

【例4-20】 利用 gets( )和 puts( )函数处理字符数组。

```
#include <stdio.h>
#include<string.h>
int main()
{
    char s[15];
    printf("请输入字符串:\n");
    gets(s);
    puts(s);
    return 0;
}
```

程序输入及程序运行结果:

请输入字符串:

how are you↙

```
请输入字符串:
how are you
how are you
Press any key to continue
```

3.字符串连接函数 strcat( )

字符串连接函数其一般形式为:

strcat(字符数组名1,字符数组名2);

把字符数组2中的字符串连接到字符数组1的字符串的后面,并删去字符数组1中字符串后面的串结束标志'\0'。字符数组1必须足够大,以便容纳连接后的新字符串。

【例4-21】 利用 strcat()函数连接字符串。

```
#include <stdio.h>
#include<string.h>
int main()
{
    char str1[20]={"hello "};
    char str2[10]={"everyone"};
    strcat(str1,str2);
    puts(str1);
    return 0;
}
```

程序运行结果:

```
hello everyone
Press any key to continue
```

知识小贴士

字符串连接前状态如图4-9所示,连接状态后如图4-10所示。

str1:

h	e	l	l	o		\0													

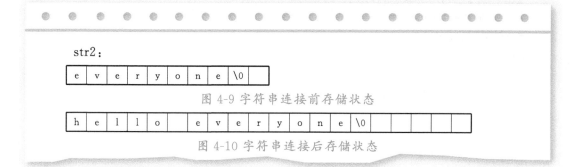

str2:

| e | v | e | r | y | o | n | e | \0 | | |

图 4-9 字符串连接前存储状态

| h | e | l | l | o | | e | v | e | r | y | o | n | e | \0 | | | |

图 4-10 字符串连接后存储状态

4.字符串复制函数 strcpy( )

字符串复制函数其一般形式为：

strcpy(字符数组 1,字符数组 2);

功能:把字符数组 2 中的字符串复制到字符数组 1 中,字符串结束标志′\0′也一同复制。与 strcat 函数一样,字符数组 1 也必须定义得足够大,以便容纳被复制的字符串。字符数组 1 的长度不应小于字符数组 2 的长度。

【例 4-22】　利用 strcpy ()函数复制字符串。

```
# include <stdio. h>
# include<string. h>
int main()
{
    char str1[20]={"how are you"};
    char str2[20]={"hello everyone"};
    strcpy(str1,str2);
    puts(str1);
    return 0;
}
```

程序运行结果:

```
hello everyone
Press any key to continue
```

5.字符串比较函数 strcmp( )

字符串比较函数其一般形式为:

strcmp(字符串 1,字符串 2);

功能:按照 ASCII 码值的大小逐个比较两个字符串的对应字符。字符串比较的规则是:将两个字符串自左至右逐个字符相比,直到出现不同的字符或遇到′\0′为止,如全部字符相同,认为两个字符串相等,若出现不相同的字符,则以第一对不相同的字符的比较结果为准。

如果字符串 1=字符串 2,则函数值为 0;

如果字符串 1>字符串 2,则函数值为一个正整数;

如果字符串 1<字符串 2,则函数值为一个负整数。

【例 4-23】 利用 strcmp()函数比较字符串。

```c
# include <stdio.h>
# include<string.h>
int main()
{
    char str1[]={"how are you"};
    char str2[]={"hello everyone"};
    if(strcmp(str1,str2)>0)
        puts(str1);
    else
        puts(str2);
    return 0;
}
```

程序运行结果：

```
how are you
Press any key to continue
```

● 知识小贴士 ● ● ● ● ● ● ● ● ● ● ● ● ● ● ● ● ●

　　在 C 语言中不能直接用关系运算符对两个字符串进行比较（即不能用 str1>str2），必须使用字符串比较函数。

6.测字符串长度的函数 strlen( )

测字符串长度函数其一般形式为：

strlen(字符串 1,字符串 2);

功能：计算出字符串的长度（不含字符串结束标志'\0'），并将该长度作为函数返回值。

【例 4-24】 利用 strlen()测字符串长度。

```c
# include <stdio.h>
# include<string.h>
int main()
{
    char str[]={"how are you"};
    printf(" %d\n",strlen(str));
    return 0;
}
```

程序运行结果：

```
11
Press any key to continue
```

7. 大写字母转小写字母函数 strlwr( )

大写字母转小写字母函数其一般形式为：

strlwr(字符串);

功能：将字符串中的大写字母转换成小写字母，小写字符与其他字符不变。

【例 4-25】　利用函数 strlwr( )将大写字母转换成小写字母。

```
#include <stdio.h>
#include<string.h>
int main()
{
    char str[]={"HOW ARE YOU"};
    strlwr(str);
    puts(str);
    return 0;
}
```

程序运行结果：

```
how are you
Press any key to continue
```

8. 小写字母转大写字母函数 strupr（ ）

小写字母转大写字母函数其一般形式为：

strupr（字符串）;

功能：将字符串中的小写字母转换成大写字母，大写字符与其他字符不变。

【例 4-26】　利用函数 strupr（)将小写字母转换成大写字母。

```
#include <stdio.h>
#include<string.h>
int main()
{
    char str[]={"how are you"};
    strupr(str);
    puts(str);
    return 0;
}
```

程序运行结果：

```
HOW ARE YOU
Press any key to continue
```

4.4.6　字符串应用举例

【例 4-27】　输入一行字符，统计其中单词的个数，单词之间用空格分隔开。例如，输入"Welcome to beautiful Chongqing"，则输出 4。

分析　首先定义一个字符串数组 char str[50]（数组长度要长于输入字符串的长度）用于存放输入的字符串，然后比较数组中各元素与其相邻数组的关系。如果该元素为字符,则继续与其相邻的元素;如果相邻元素为空格或'\0',则认为存在一个单词,计数加1。
依次类推,最后输出计数结果,其算法描述如图 4-11 所示。

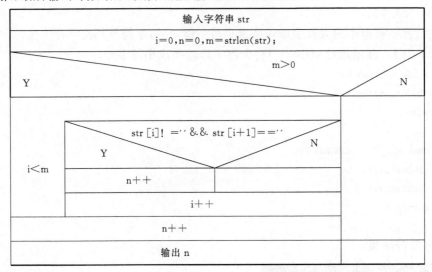

图 4-11　【例 4-27】算法流程图

程序代码如下:

```
#include<stdio.h>
#include<string.h>
int main()
{
    char str[50];
    int i,m,n=0;
    printf("请输入字符串:\n");
    gets(str);
    m=strlen(str);
    if(m>0)
    {
        for(i=0;i<m;i++)
        {
            if(str[i]!=' ' && str[i+1]==' ')
                n++;
        }
        n++;
    }
    printf("输入的单词数为:%d\n",n);
    return 0;
}
```

程序输入及程序运行结果:

请输入字符串:Welcome to beautiful Chongqing↙

```
请输入字符串:
Welcome to beautiful Chongqing
输入的单词数为:4
 Press any key to continue
```

【例 4-28】　编写程序,从键盘上随机输入字符串,要求删除字符串中所有的空格和数字并输出。

　　分析　首先定义一个字符串数组 char str[50](数组长度要长于输入字符串的长度)用于存放输入的字符串,然后用 for 循环将每个数组元素的值与空格和数字进行比较,如果结果为真就跳过,如果为假则输出该元素的值,循环次数 i 小于等于字符串长度。

　　程序代码如下:

```
#include <stdio.h>
#include <string.h>
void main()
{
    char str[50];
    int i;
    printf("请输入字符串:");
    gets(str);
    for(i=0;i<strlen(str);i++)   //数组元素从 0 开始,所以循环条件小于字符串的长度
    {
        if(str[i]==' '||(str[i]>='0'&&str[i]<='9'))   /* 有空格或数字就执行 con-
                                                         tinue 开始下次循环,否则
                                                         就输出。 */
            continue;
        else
            printf("%c",str[i]);
    }
    printf("\n");
}
```

　　程序输入及程序运行结果:

　　请输入字符串:a 1 b 2 c 3 d 4↙

```
请输入字符串:a 1 b 2 c 3 d 4
abcd
Press any key to continue
```

【例 4-29】　输入一个字符串,判断其是否是回文。所谓回文是指这个字符串顺读和反读是一样的,如"level"就是回文。

　　分析　首先定义一个字符串数组 char str[]用于存放输入的字符串,然后统计字符串的长度 n,再分别将字符串的第 1 个字符 str[0]和最后一个字符 str[n-0-1]进行比较,若不相等,则可断定该字符串不是回文;否则,继续将对应的字符进行比较,比较的次数为字符长度的一半,即直到 i<=n/2 为止,即将所有对应的字符比较完都未找到不相等的字符,这时可断定该字符串是回文。

程序代码如下：

```
# include <stdio.h>
# include< string.h >
void main()
{
    int i,n;
    char st1[100];
    printf("请输入字符串:");
    gets(st1);
    n=strlen(st1);                //统计字符串的长度
    for(i=0;i<=n/2; i++)          //比较长度的一半
    {
        if(st1[i]! =st1[n-i-1])   //比较两端的字符
        {
            break;
        }
    }
    if(i>=n/2)
        printf("YES\n");
    else
        printf("NO\n");
}
```

程序输入及程序运行结果：

请输入字符串:level↙

【例 4-30】 输入任意 4 个字符串,找到并输出其中最大的字符串。

分析 输入的 4 个字符串可以用一个二维数组 char str[4][20]来存储。比较字符串的大小可以通过调用 strcmp( )来实现。

程序代码如下：

```
# include <stdio.h>
# include<string.h>
int main( )
{
    char s[4][20];
    int i,max;
    printf("请输入 4 个字符串:\n");
    for(i=0;i<4;i++)
        gets(s[i]);
    max=0;
```

```
        for(i=1;i<4;i++)
            if(strcmp(s[max],s[i])<0)
                max=i;
        printf("最大字符串是:%s\n",s[max]);
        return 0;
}
```

程序输入及程序运行结果：

请输入 4 个字符串：

hello

happy

horse

hound↙

4.5 综合实例

【例 4-31】 用选择法对随机输入的 10 个整数按降序输出。

分析　每趟选出一个最值和无序序列的第一个数交换，n 个数共选 n−1 趟。第 i 趟假设 i 为最值下标，然后将最值和 i+1 至最后一个数比较，找出最值的下标，若最值下标不为初设值，则将最值元素和下标为 i 的元素交换。

程序代码如下：

```
#include <stdio.h>
void main()
{
    int a[10],i,j,t,n=10;
    printf("请输入 10 个整数:");
    for(i=0;i<10;i++)
        scanf("%d",&a[i]);
    for(i=0;i<n-1;i++)    //外循环控制趟数,n 个数选 n-1 趟
    {
        for(j=i+1;j<n;j++)
            if(a[i]<a[j])
            {
                t=a[i];
                a[i]=a[j];
```

```
            a[j]=t;
        }
    }
    printf("以上数降序排序:");
    for(i=0;i<10;i++)
        printf(" %d ",a[i]);
    printf("\n");
}
```

程序输入及程序运行结果：

请输入 10 个整数：4 5 6 0 1 2 3 7 8 9↙

```
请输入10个整数:4 5 6 0 1 2 3 7 8 9
以上数降序排序:9 8 7 6 5 4 3 2 1 0
Press any key to continue
```

【例 4-32】 有 10 个整数由大到小的顺序放在一个数组中，输入一个数，要求用折半查找法找出该数是数组中的第几个元素。若该数不在数组中，则输出"无此数"。

```
#include<stdio.h>
int main()
{
    int a[10]={1,2,3,4,5,6,7,9,10};
    int i,j,k,mid;
    i=0,j=9;
    printf("请输入一个数:");
    scanf(" %d",&k);
    while(i<=j)
    {
        mid=(i+j)/2;
        if(k==a[mid])
        {
            printf("a[ %d]\n",a[mid]);
            break;
        }
        else if(k>a[mid])
            i=mid+1;
        else j=mid-1;
    }
    if(i>j)
        printf("无此数\n");
    return 0;
}
```

程序输入及程序运行结果：

请输入一个数：7↙

```
请输入一个数:7
a[7]
Press any key to continue
```

【例 4-33】　编写程序,随机输入 10 个整数到数组后降序排序,用插入排序法再插入一个新整数到该数组后仍然有序。

```c
#include<stdio.h>
void main()
{
    int i,j,t,q,s,n=10,a[11];
    printf("请输入 10 个整数:");
    for(i=0;i<10;i++)
        scanf("%d",&a[i]);
    printf("以上降序排序为:");
    for(i=0;i<10;i++)
    {
        for(j=i+1;j<10;j++)
            if(a[i]<a[j])
            {
                t=a[i];
                a[i]=a[j];
                a[j]=t;
            }
            printf("%d ",a[i]);
    }
    printf("\n");
    printf("请输入插入的数:");
    scanf("%d",&n);
    printf("插入新数排序为:");
    for(i=0;i<10;i++)
        if(n>a[i])
        {
            for(s=9;s>=i;s--)
                a[s+1]=a[s];
            break;
        }
        a[i]=n;
        for(i=0;i<=10;i++)
            printf("%d ",a[i]);
    printf("\n");
}
```

程序输入及程序运行结果：

请输入 10 个整数：11 44 22 55 33 66 10 77 88 99✓

以上降序排序为：99 88 77 66 55 44 33 22 11 10

请输入插入的数：68✓

```
请输入10个整数: 11 44 22 55 33 66 10 77 88 99
以上降序排序为: 99 88 77 66 55 44 33 22 11 10
请输入插入的数: 68
插入新数排序为: 99 88 77 68 66 55 44 33 22 11 10
Press any key to continue
```

【例 4-34】 矩阵填数，编写程序生成下列矩阵并输出。

```
1 1 1 1 1 0 0 0 0 0
1 1 1 1 1 0 0 0 0 0
1 1 1 1 1 0 0 0 0 0
1 1 1 1 1 0 0 0 0 0
1 1 1 1 1 0 0 0 0 0
0 0 0 0 0 2 2 2 2 2
0 0 0 0 0 2 2 2 2 2
0 0 0 0 0 2 2 2 2 2
0 0 0 0 0 2 2 2 2 2
0 0 0 0 0 2 2 2 2 2
```

分析 通过观察，以上矩阵可以分为四个部分，左上角的元素全为 1，右下角元素全为 2，其余元素均为 0。可以定义一个二维数组 int a[10][10]，用 i 和 j 分别表示数组的行、列下标，则左上角元素满足条件 i<5&&j<5，右下角元素满足条件 i>=5&&j>=5。按照这种规律，我们可以用二维数组存储生成的数据再进行输出。

程序代码如下：

```c
#include<stdio.h>
int main()
{
    int a[10][10],i,j;
    for(i=0;i<10;i++)
        for(j=0;j<10;j++)
            if(i<5&&j<5)
                a[i][j]=1;
            else if(i>=5&&j>=5)
                a[i][j]=2;
                else a[i][j]=0;
        for(i=0;i<10;i++)
        {
            for(j=0;j<10;j++)
                printf("%d",a[i][j]);
            printf("\n");
        }
    return 0;
}
```

程序运行结果：

4.6 本章小结

数组类型是构造类型的一种,数组中的每一个元素都属于同一种类型。按照数组元素的数据类型,可以把数组分为数值型数组和字符型数组。按数组下标个数又可分为一维数组、二维数组或多维数组。

一维数组是学习数组的基础,应重点掌握一维数组的说明、数组元素的引用和初始化方法以及理解数组在计算机中的存储方式。

二维数组是解决矩阵等数学问题的常用的存储结构,相对于一维数组来说,二维数组的使用更加灵活。二维数组可以看成为一个特殊的一维数组,在计算机中以行序为主存储数据。

在 C 语言中没有字符串变量,但可以使用字符数组来处理字符串。在对字符串进行处理时,如复制、连接、比较等处理时不能直接使用关系运算符和赋值运算符,必须使用字符处理函数,如 strcat()、strcpy()、strcmp()等。

4.7 习题练习

一、单项选择题

1. 以下关于 C 语言中数组的说法正确的是(　　)。

A. 数组元素的数据类型可以不一致。

B. 数组元素的个数可以不确定,允许随机变动。

C. 可以使用动态内存分配技术定义元素个数可变的数组。

D. 定义一个数组后就确定了它所容纳的具有相同数据类型元素的个数。

2. 下列对一维数组 a 的说明正确的是(　　)。

A. int a(10)

B. int n＝10,a[n];

C. int n;
　　scanf("%d",&n);
　　int a[n];

D. #define SIZE 10
　　int a[SIZE]

3.若有定义"int a[13]",则对数组元素的引用正确的是(　　　)。

A. a[13]　　　　　　B. a[6]　　　　　　C. a(6)　　　　　　D. a[14]

4.以下数组定义中错误的是(　　　)。

A. int x[2][3]={1,2,3,4,5,6};

B. int x[][3]={0};

C. intx[][3]={{1,2,3},{4,5,6}};

D. intx[2][3]={{1,2},{3,4},{5,6}};

5.对以下说明语句的理解正确的是(　　　)。

　　　　int str[12]={1,2,3,4,5,6,7};

A. 将 7 个初值依次赋给 str[1]至 str[5]

B. 将 7 个初值依次赋给 str[0]至 str[6]

C. 将 7 个初值依次赋给 str[6]至 str[10]

D. 因为数组长度与初值的个数不相同,所以此语句不正确

6.若有以下定义:int a[ ]={6,8,20,15};则数组中值最大的元素为(　　　)。

A. a[1]　　　　　　B. a[2]　　　　　　C. a[3]　　　　　　D. a[4]

7.字符串常量"student,0\n"的长度是(　　　)。

A. 10　　　　　　B. 11　　　　　　C. 12　　　　　　D. 13

8.对字符数组进行初始化,(　　　)形式是错误的。

A. char c1[ ]={'1','2','3'}　　　　　　B. char c2[ ]=123

C. char c3[ ]={'1','2','\0'}　　　　　　D. char c4[ ]="123"

9.有两个字符数组 a,b,则以下正确的输入语句是(　　　)。

A. gets(a,b)　　　　　　　　　　　　B. scanf("%s%s",a,b);

C. scanf("%s%s",&a,&b);　　　　　　D. gets("a",gets("b"));

10.若定义"int b[2][5];",对 b 数组元素引用正确的是(　　　)。

A. b[1,4]　　　　　　B. b[1+1][0]　　　　　　C. b[1][3]　　　　　　D. b(1)(3)

11.执行"printf("%d\n",strlen("ATS\n012\1\\"));"后,输出结果是(　　　)。

A. 11　　　　　　B. 10　　　　　　C. 9　　　　　　D. 8

12.若有定义"int a[3][4];",则对 a 的数组元素引用正确的是(　　　)。

A. a[2][4]　　　　　　B. a[1][3]　　　　　　C. a[1+1][0]　　　　　　D. a[2][1]

13.下列程序运行后的输出结果是(　　　)。

```
#include<stdio.h>
int main()
{
    int a[8],i,sum=0;
    a[0]=a[1]=1;
    for(i=2;i<=7;i++)
    {
        a[i]=a[i-1]+a[i-2];
        sum=sum+a[i];
```

```
    }
    printf("sum= % d\n",sum);
    return 0;
}
```

A. sum=6   B. sum=8   C. sum=50   D. sum=52

14.下列程序运行后的输出结果是(   )。

```
# include<stdio.h>
int main()
{
    int i,j,k=2,a[2]={0};
    for(i=0;i<k;i++)
        for(j=0;j<k;j++)
            a[j]=a[i]+1;
    printf(" % d\n",a[k]);
    return 0;
}
```

A. 不确定值   B. 3   C. 2   D. 1

15.下列程序运行后的输出结果是(   )。

```
# include<stdio.h>
int main()
{
    int a[6],i;
    for(i=1;i<6;i++)
    {
        a[i]=9 * (i-2+4 * (i>3)) % 5;
        printf(" % 2d",a[i]);
    }
    printf("\n");
    return 0;
}
```

A. -4 0 4 0 4   B. -4 0 4 0 3
C. -4 0 4 4 3   D. -4 0 4 4 0

16.下列程序运行后的输出结果是(   )。

```
# include<stdio.h>
int main()
{
    char str[]={"AABBCDE"},c;
    int i;
    for(i=2;(c=str[i])! ='\0';i++)
    {
        switch(c)
```

```
        {
            case'D'：++i;break;
            case'C'：continue;
            default;putchar(c);continue;
        }
        putchar('*');
        printf("\n");
    }
    return 0;
}
```

A. AA *   B. BB *   C. BC *   D. BBC *

17. 下列程序运行后的输出结果是(   )。

```
#include<stdio.h>
#include<string.h>
int main()
{
    char str[]={"\n123\\"};
    printf("%d,%d\n",strlen(str),sizeof(str));
    return 0;
}
```

A. 赋初值的字符串有错   B. 6,7

C. 5,6   D. 6,6

18. 下列程序的功能是将字符串 s 中所有的字符 c 删除,请选择填空(   )。

```
#include<stdio.h>
int main()
{
    char s[80];
    int i,j;
    gets(s);
    for(i=j=0;s[i]!='\0';i++)
        if(s[i]!='c')
            _____;
    s[j]='\0';
        puts(s);
    return 0;
}
```

A. s[j++]=s[i]   B. s[++j]=s[i]   C. s[j]=s[i];j++   D. s[j]=s[i]

19. 下列程序运行后的输出结果是(   )。

```
#include<stdio.h>
int main()
{
```

```
    int a[3][3]={1,2,3,4,5,6,7,8,9},i,j,sum=0;
    for(i=0;i<3;i++)
        for(j=1;j<=i;j++)
            sum=sum+a[i][a[j][j]];
        printf(" % d\n",sum);
    return 0;
}
```

A. 8　　　　　　　　　　B. 9　　　　　　　　　C. 10　　　　　　　　D. 11

20.下列程序运行后的输出结果是(　　)。

```
# include<stdio.h>
int main()
{
    static int a[3][3]={1,2,3,4,5,6,7,8,9},i,j,sum=0;
    for(i=0;i<3;i++)
        for(j=1;j<=i;j++)
            sum+=a[i][j];
        printf(" % d\n",sum);
    return 0;
}
```

A. 20　　　　　　　　　B. 22　　　　　　　　C. 24　　　　　　　　D. 23

二、填空题

1.在 C 语言中,数组的各元素必须具有相同的_____,元素的下标下限为_____,下标必须是正整数、0 或者_____。但在程序执行过程中,不检查元素下标是否_____。

2.在 C 语言中,数组在内存中占一片连续的存储区,由_____代表它的首地址。数组名是一个_____常量,不能对它进行赋值运算。

3.在 C 语言中,二维数组元素在内存中的存放顺序是_____。

4.下列程序功能:从键盘中输入 10 位学生成绩,统计输出最高成绩和最低成绩,请填空将程序补充完整。

```
# include<stdio.h>
int main()
{
    int i;
    float max,min,x[10];
    for(i=0;i<=9;i++)
        scanf(" % f",_____);
    max=x[0];
    min=x[0];
    for(_____;i<=9;i++)
    {
```

```
        if(x[i]>max) max=x[i];
        if(x[i]<min) min=x[i];
    }
    printf("max= % f\nmin= % f\n",max,min);
    return 0;
}
```

5.下列程序功能是求出矩阵 a 的两条对角线上的元素之和,请填空将程序补充完整。

```
# include<stdio.h>
int main()
{
    int a[3][3]={1,3,6,7,9,11,14,15,17},sum1=0,sum2=0,i,j;
    for(i=0;i<3;i++)
        for(j=0;j<3;j++)
            if(i==j)
                sum1=sum1+a[i][j];
    for(i=0;i<3;i++)
        for(_____;_____;j--)
            if((i+j)==2)
                sum2=sum2+a[i][j];
    printf("sum1= % d\nsum2= % d\n",sum1,sum2);
    return 0;
}
```

6.下列程序的功能是求两个矩阵的和,请填空将程序补充完整。

```
# include<stdio.h>
int main()
{
    int a[3][4],b[3][4],c[3][4],i,j;
    for(i=0;i<3;i++)
        for(j=0;j<4;j++)
            scanf(" % d",&a[i][j]);
    for(i=0;i<3;i++)
        for(j=0;j<4;j++)
        {
            scanf(" % d",_____);
            _____;
        }
    for(i=0;i<3;i++)
    {
        for(j=0;j<4;j++)
            printf("% d  ",c[i][j]);
        putchar('\n');
```

```
        }
        return 0;
    }
```

7. 下列程序设数组 a 包含 10 个整型元素,请填空将程序补充完整,以求出数组 a 中各相邻两个元素的和,并将这些和存放在数组 b 中,按每行 3 个元素的形式输出。

```
#include<stdio.h>
int main()
{
    int a[10],b[9],i;
    for(i=0;i<10;i++)
        scanf("%d",&a[i]);
    for(_____;i<10;i++)
        _____;
    for(_____;i<10;i++)
    {
        printf("%3d",b[i]);
        if(_____)
            printf("\n");
    }
    return 0;
}
```

8. 下列程序的功能是随机输入 10 个整数,找出最大数和最小数所在的位置,并把两者对调,然后输出调整后的 10 个数,请填空将程序补充完整。

```
#include <stdio.h>
void main()
{
    int a[10],i,j,min,max,k,t;
    for(i=0;i<10;i++)
        scanf("%d",_____);
    min=a[0];max=a[0];
    for(i=0;i<10;i++)
    {
        if(max<a[i])
        {
            max=a[i];
            _____;
        }
        if(min>a[i])
        {
            min=a[i];
            _____;
        }
    }
```

```
            _____ ;
            _____ ;
            _____ ;
        for(i=0;i<10;++i)
            printf(" % d ",_____);
        printf("\n");
    }
```

9.下列程序设数组 a 中的元素均为整数,求 a 中偶数的个数和偶数的平均值,请填空将程序补充完整。

```
# include<stdio.h>
int main()
{
    int a[10]={1,2,3,4,5,6,7,8,9,10},k,i,sum;
    float average;
    for(k=sum=i=0;i<10;i++)
    {
        if(a[i] % 2! =0)
            _____ ;
        sum+=_____ ;
        k++;
    }
    if(k! =0)
    {
        average=sum/k;
        printf(" % d, % f\n",k,average);
    }
    return 0;
}
```

10.下列程序为查找数组中是否含有 n,如含有请输出 n 在数组中所在的位置。

```
# include <stdio.h>
#define N 10
int main()
{
    int i,n,k=1,a[N]={10,20,35,40,43,44,45,50,51,60};
    scanf(" % d",&n);
    for(_____)
        if(n==a[i])
        {
            k=0;
            printf(" % d\n",i);
        }
        if(_____)
            printf("NO\n");
```

```
    return 0;
}
```

三、阅读分析程序

1. 程序代码：

```
#include<stdio.h>
void main()
{
    int i,a[10]={25,8,6,3,20,27,56,8,24,29 };
    for(i=0;i<=9;i++)
        if(a[i]%3==0)
        printf("%d\n",a[i]);
}
```

程序运行结果：＿＿＿＿＿＿＿＿＿＿＿

2. 程序代码：

```
#include<stdio.h>
int main()
{
    int i,a[]={1,2,3,4},s=0,j=1;
    for(i=3;i>=0;i--)
    {
        s=s+a[i]*j;
        j=j*10;
    }
    printf("s=%d\n",s);
    return 0;
}
```

程序运行结果：＿＿＿＿＿＿＿＿＿＿＿

3. 程序代码：

```
#include<stdio.h>
int main()
{
    int i,j,sum=0,a[3][4]={1,2,3,4,5,6,7,8,9};
    for(i=0;i<3;i++)
        for(j=0;j<3;j++)
            sum=sum+a[i][j];
    printf("sum=%d\n",sum);
    return 0;
}
```

程序运行结果：＿＿＿＿＿＿＿＿＿＿＿

4. 程序代码：

```
#include<stdio.h>
int main()
{
```

```
    char ch[7]={"65ab21"};
    int i,sum=0;
    for(i=0;ch[i]>='0'&&ch[i]<='9';i+=2)
        sum=10*sum+ch[i]-'0';
    printf("sum=%d\n",sum);
    return 0;
}
```

程序运行结果：_____

5.程序代码：

```
#include <stdio.h>
void main()
{
    int i=0;
    char c,s[]="110110110";
    while(c=s[i])
    {
        switch(c)
        {
        case'0':i++;break;
        case'1':++i;
        default:putchar(c);i++;
        }
        putchar('*');
    }
}
```

程序运行结果：_____

四、程序设计

1.将任意一个整数插入一个有序的数列中，使其插入新数后仍然有序。

2.随机从键盘上输入一个整数，编写程序判断该数是否为"回文数"（即顺着读与反着读都相同，如 12321）。

3.随机从键盘上输入 20 个整数，找出其中的素数，并按升序排序输出。

4.将一个数组中的值按逆序重新存放并输出。例如，原来顺序为 3,5,6,7,8,2;要求改为 2,8,7,6,5,3。

5.采用"选择排序法"对任意输入的 10 个整数按由大到小的顺序排序。

6.有一个 2×3 的矩阵，将之转置为 3×2 的矩阵，并显示出这个转置后的矩阵，如下所示：

$$a=\begin{bmatrix}1&2&3\\4&5&6\end{bmatrix} \qquad b=\begin{bmatrix}1&4\\2&5\\3&6\end{bmatrix}$$

7.某小组有 5 名同学，每名同学有 5 门课程参加考试，请编写程序显示该小组每名同学的所有课程成绩及总分。

8.编写程序找出一个二维数组的鞍点,即该位置上的元素在该行上最大、在该列上最小,当然也有可能没有鞍点。

9.从键盘上接收 10 个 3 位数(各个数位都不包含 0)并存入一个数组中,试将数组中每个数的百位与个位交换,例如,123 交换后成为 321,将组合成的新数仍存入原数组中并输出。

10.定义一个 5×5 的二维数组 a 赋值 1～25 的自然数,编程输出该数组的左下半三角元素。

11.随机从键盘上输入 20 个整数,找出其中的素数,并按升序排序输出。

12.输入两个字符串,将第 2 个字符串连接在第 1 个字符串的后面,构成一个新的字符串(不能调用函数 strcat())。

13.求 M×N 二维数组的周边元素之和。

14.输出"魔方阵"。所谓魔方阵是指它的每一行、每一列和对角线之和均相等。例如,三阶魔方阵为:

8　1　6

3　5　7

4　9　2

要求输出 $1～n^2$ 的自然数构成的魔方阵。

15.有一行电文,已按下面规律译成密码:

A→Z　a→z

B→Y　b→y

C→X　c→x

即第 1 个字母变成第 26 个字母,第 i 个字母变成第(26−i+1)个字母。非字母字符不变。要求编写程序将密码译回原文,并打印出密码和原文。

第5章

函数

C 程序是由函数组成的,即函数是 C 程序的基本模块。每个模块对应一个函数,分模块解决问题将使得程序结构分明,查找问题和程序维护都较为方便。而函数是 C 语言程序中最基本的构建模块。因此,一个功能较复杂的 C 语言程序可由一个主函数和其他若干个函数构成,通过主函数调用其他函数,或其他函数之间相互调用来实现整个程序功能。

本章先主要阐述函数的定义、参数的传递、函数的声明和函数的调用形式,然后在介绍变量的存储类别、模块化程序设计方法、函数的嵌套调用和递归调用。

5.1 函数概述

在结构化程序设计中,一个大的程序可被划分为若干个具有不同功能的模块,每个模块都由一个或多个函数组成,模块之间的数据传递和模块内部功能就靠函数调用来实现。

在每个程序中,主函数 main()是必须的,所有程序的执行都是从 main()开始的。主函数调用其他函数,其他函数也可以互相调用,如图 5-1 所示。同一个函数可以被一个或多个函数调用任意多次。

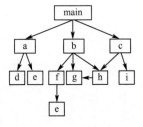

图 5-1　C 语言程序函数调用

【例 5-1】　主函数调用其他函数。

```c
#include<stdio.h>
#define N 4
void print(int n)                    // print 函数,非主函数,被主函数调用
{
    int i;
    for(i=1;i<=N-n;i++)
        printf(" ");
```

```
    for(i=1;i<=2*n-1;i++)
        printf(" * ");
    printf("\n");
}
void main()                    //主函数,程序从主函数开始执行
{
    int i;
    for(i=1;i<=N;i++)
        print(i);              //调用 print 函数
    for(i=N-1;i>=1;i--)
        print(i);              //调用 print 函数
}
```

程序运行结果：

知识小贴士

　　通过【例 5-1】的运行结果,我们发现利用第三章的知识点也可以编写程序进行实现,但整个程序语句较多、较重复。利用函数和函数调用,不仅能实现程序运行结果,且语句较少、结构更清晰。同时,如果要更改输出打印符号,则只需要更改调用函数即可,主函数不做任何改动。由此可见,正确合理的运用函数,不但可以精简程序,改善程序的可读性;还可以提高代码利用率,减少程序维护工作量等。

　　函数的使用说明：

　　C 语言程序是由 1 个或多个函数构成的。必须有且只能有一个主函数 main(),程序执行从这里开始。在 C 语言中函数主要有两类:一是系统定义的标准库函数,二是用户自定义函数。

　　常用库函数如下：

　　(1)数学函数(头文件 math. h):abs( )、fabs( )、sin( )、cos( )、tan( )、exp( )、sqrt( )、pow( )、fmod( )、log( )、log10( )。

　　(2)字符串处理函数(头文件 string. h):strcmp( )、strcpy( )、strcat( )、strlen( )。

　　(3)字符处理函数(头文件 ctype. h):isalpha( )、isdigit( )、islower( )、isupper( )、isspace( )。

　　(4)输入/输出函数(头文件 stdio. h):getchar( )、putchar( )、gets( )、puts( )、fopen( )、fclose( )、fprintf( )、fscanf( )、fgetc( )、fputc( )、fgets( )、fputs( )、feof( )、rewind( )、 fread( )、fwrite( )、fseek( )。

(5)动态存储分配函数(头文件 stdlib.h):malloc( )、free( )。

5.2 函数的定义和调用

C语言虽然有系统定义的标准库函数,但这些函数不能满足用户的所有需求。因此在结构化程序设计中,有大量的函数需要由用户根据需求来进行编写(即自定义函数),本节将介绍函数的定义和调用。

5.2.1 函数定义的一般形式

函数的定义就是函数体的实现。函数体是一个代码块,它在函数被调用时执行。函数定义的一般形式:

返回值的类型　函数名(形式参数列表)——→函数头

```
{
    声明部分
    语句            函数体
}
```

一个函数(定义)由函数头(即函数首部)和函数体组成。

返回值的类型:可以是基本的数据类型,也可以是构造类型。如果省略,则默认为int;如果不返回值,则定义为 void 类型。

函数名:用户给函数的命名,命名规则同标识符。

形式参数列表:说明参数的类型和参数的名称。无参函数没有参数传递,但“( )”不能省略,若含有多个参数,则参数之间用“,”间隔。

函数体:函数头下面用一对“{ }”括起来的部分,一般由声明部分和语句(执行)部分组成。当函数体内有多对“{ }”,最外层是函数体的范围。

声明部分:对本函数所使用的变量和进行有关声明。

语句:即执行程序段,由若干条语句组成的命令序列。

> **知识小贴士**
>
> 函数必须先定义,后调用。

【例 5-2】 函数定义举例。

```c
# include <stdio.h>
int max(int x,int y)          //自定义函数头
{
    if(x>y)                   //函数体中声明部分
        printf(" % d\n",x);   //函数体语句
```

```
    else
        printf(" % d\n",y);
}
int main()                          //主函数,程序从主函数开始执行
{
    int a,b,c,d,e,f;
    a=1,b=2,c=3,d=4,e=5,f=6;
    max(a,b);                       //调用自定义函数,函数调用相关知识见 5.2.3 函数的调用
    max(c,d);
    max(e,f);
    return 0;
}
```

程序运行结果:

```
2
4
6
Press any key to continue
```

5.2.2　函数的参数和返回值

1.形式参数与实际参数

(1)形式参数(简称形参)

在定义函数时,函数名后面括号中的变量称为形式参数。

在【例 5-2】中,自定义函数头 int max(int x,int y)中 x、y 即是形参。

(2)实际参数(简称实参)

在调用函数时,函数名后面括号中的表达式称为实际参数。

在【例 5-2】中,主函数中调用函数的语句为:

max(a,b);

max(c,d);

max(e,f);

以上语句中 a,b,c,d,e,f 即是实参。

◆知识小贴士◆ ●

　　1.形参在函数未调用时,并不占内存的存储单元。只有在发生函数调用时,函数中的形参才分配内存单元。在调用结束后,形参所占的内存单元被释放。

　　2.实参可以是任意合法的表达式,包括常量、变量等表达式的特定形式,但要求它们有确定的值。

　　3.在被定义的函数中,必须指定形参的类型,实参与形参的类型应一致。

（3）参数的传递

在调用函数时，主调函数和被调函数之间有数据的传递——实参传递给形参。

在【例 5-2】中，主函数调用 max()函数时，将实参 a，b，c，d，e，f 的值分别传递给形参 x，y。

> **知识小贴士**
>
> C 语言中，参数传递的方式有两种：传值和传址。传值是指进行参数传递时将实际参数的值赋值给形式参数；传址是指将存放实际参数的内存地址赋值给形式参数。

2. 函数的返回值

函数的返回值是指函数被调用之后，返回给调用函数的值。

函数返回语句的一般形式如下：

return ＜表达式＞;   //或 return 表达式;

return;

return 语句的几点说明：

（1）return 语句中表达式的类型必须与函数定义类型一致。若不一致，则以函数值的类型为准；

（2）函数类型省略，C 语言默认函数返回值为 int 型；

（3）一个函数可以有多个 return 语句，一旦其中某一个被执行，则立即结束本函数的执行，返回主调函数，因此函数最多只能返回一个值；

（4）若函数内没有 return 语句，函数没有返回值，函数类型应当说明为 void。则程序执行到函数末尾"}"处，返回主调函数。

【例 5-3】 函数的返回值应用举例。

```c
#include<stdio.h>
int func(int x,int y)
{
    int sum=x+y;
    return x+y;                //返回结果给 int sum=func(3,5);
}
void main()
{
    int sum=func(3,5);         //调用 func 函数,并为 x、y 传值
    printf("x+y=%d\n",sum);
}
```

程序运行结果：

```
x+y=8
Press any key to continue
```

5.2.3　函数的调用

函数调用的一般形式如下：

函数名(实际参数列表);

无参函数调用没有参数,但是"()"不能省略,有参函数若包含多个参数,各参数用","分隔,实参个数与形参个数相同,类型一致。

函数调用的三种形式：

(1)将函数作为表达式调用

在表达式中的函数调用必须有返回值。例如：

int z=max(3,5);　//函数 max 表达式的一部分,其返回值赋给变量 z。

(2)将函数作为语句调用

以语句形式调用的函数可以有返回值,也可以没有返回值。

【例 5-4】　将函数作为语句调用应用举例。

```
#include<stdio.h>
void myprint()                    //被调用函数
{
    int i;
    for(i=1;i<=10;i++)
        printf(" * ");
    printf("\n");
}
void main()
{
    int i;
    for(i=1;i<=5;i++)
        myprint();                //以语句形式调用的函数
}
```

程序运行结果：

(3)将函数作为实参调用

将函数作为另一个函数的实参时,要求该函数有返回值。例如：

printf(" % d\n",max(3,5));　//将函数 max()的返回值作为 printf()函数的实参来使用。

【例 5-5】　调用函数输出两个整型数据中的较大者。

```
#include "stdio.h"
main()
{
    int x,y;
```

```
    printf("请输入数据:");
    scanf("%d%d",&x,&y);
    printf("max=%d\n",max(x,y));        //先调用,实参x、y
}
int max(int a,int b)                    //后定义,形参a、b
{
    return a>b? a:b;
}
```

程序输入及程序运行结果:

请输入数据:3 5↙

> **知识小贴士**
>
> (1)调用函数时,函数名必须与所调用的函数名完全一致。
>
> (2)实参的个数必须与形参的个数一致。实参可以是表达式,在类型上应按位置与形参一一对应匹配。如果类型不匹配,C编译程序按赋值兼容的规则进行转换。
>
> (3)函数必须遵循"先定义,后调用"的原则,但函数类型为int或char的函数除外。

5.2.4 函数的声明

函数声明即是在编译系统认识被调函数之前,先告诉编译系统该函数的存在,并将有关信息(如函数的返回值类型、函数参数的个数、类型及其顺序等)通知编译系统,使编译过程正常执行。

函数声明的一般形式如下:

类型说明符 函数名(形式参数列表);

或

类型说明符 函数名(数据类型列表);

例如,

int max(int x,int y);

或

int max(int,int);

C语言的库函数就是位于其他模块的函数,为了正确调用,C语言编译系统提供了相应的头文件。头文件内许多都是库函数的函数声明,当源程序要使用库函数时,就应当包含相应的头文件。

【例 5-6】 函数声明举例

```c
#include<stdio.h>
float max(float a,float b);                    //函数声明,也可以写成 float max(float ,float);
void main()
{
    float x,y;
    printf("请输入数据:");
    scanf("%f%f",&x,&y);
    printf("max=%f\n",max(x,y));               //先调用实参 x,y
}
float max(float a,float b)                     //后定义形参 a,b
{
    return a>b? a:b;
}
```

程序输入及程序运行结果:

请输入数据:3 5↙

```
请输入数据: 3 5
max=5.000000
Press any key to continue
```

知识小贴士

(1)如果被调用函数的定义出现在主调函数之前(即定义在先,调用在后),可以不做函数声明。因为编译系统自上而下扫描,会根据已知的函数首部信息对函数调用做正确性检查。

(2)如果在程序开头(所有函数定义之前)做函数声明,则各主调函数中都不必再做声明。

5.2.5 数组与函数

在程序设计中,数组是程序中常用的一种数据结构,经常作为函数参数在主调函数与被调之间实现数据传递。

1. 数组元素作为函数实参

数组元素就是下标变量,它与普通变量并无区别。因此它作为函数实参使用与普通变量是完全相同的,在发生函数调用时,把作为实参的数组元素的值传送给形参,实现单向的值传送。

【例 5-7】 输入 10 个数,要求输出其中值最大的元素和该数是第几个数。

分析

①先定义数组 a,用来存放 10 个数;

②设计函数 max,用来求两个数中的大者;

③在主函数中定义变量 m,初值为 a[0],每次调用 max 函数后的返回值存放在 m 中;

④用"打擂台"算法,依次将数组元素 a[1]到 a[9]与 m 比较,最后得到的 m 值就是 10 个数中的最大者。

```c
#include<stdio.h>
int max(int x, int y)
{
    return (x>y? x:y);
}
int main()
{
    int a[10],m=a[0],n=0,i;
    printf("请输入 10 个数:");
    for (i=0;i<10;i++)
    {
        scanf("%d", &a[i]);
    }
    for (i=1; i<10; i++)
    {
        if (max(m,a[i])>m)
        {
            m=max(m,a[i]);
            n=i;
        }
    }
    printf("最大数为: %d\n该数位于数组第%d位\n", m, n+1);
    return 0;
}
```

程序输入及程序运行结果:

请输入 10 个数:2 4 6 8 10 1 3 5 7 9↙

```
请输入10个数:2 4 6 8 10 1 3 5 7 9
最大数为:   10
该数位于数组第5位
Press any key to continue
```

2. 数组名作为函数参数

数组名作为函数参数与用数组元素作为实参有几点不同。

(1)用数组元素作为实参时,只要数组类型和函数的形参变量的类型一致,那么作为下标变量的数组元素的类型也和函数形参变量的类型是一致的。

(2)在普通变量或下标变量作函数参数时,形参变量和实参变量是由编译系统分配的两个不同的内存单元。

(3)在函数形参表中,允许不给出形参数组的长度,或用一个变量来表示数组元素的个数。

例如：

int cj(int a[ ]);

或

int cj(int a[ ],int n);

(4)多维数组也可以作为函数的参数。在函数定义时对形参数组可以指定每一维的长度,也可省去第一维的长度。

例如：

int cj(int a[3][10]);

或

int cj(int a[][10]);

【例 5-9】　在数组 score 中存放了一名学生 5 门课程的成绩,求其平均成绩。

分析

①用函数 aver(average)求平均成绩,用数组名作为函数实参,形参也用数组名；

②在 aver 函数中引用各数组元素,求平均成绩并返回 main 函数。

```
#include<stdio.h>
float aver(float a[5])                //自定义 aver 函数
{
    int i;
    float av,s=a[0];
    for(i=1;i<5;i++)
        s=s+a[i];
    av=s/6;
    return av;
}
void main()
{
    float score[5],av;
    int i;
    printf("请输入学生 5 门课程成绩:");
    for(i=0;i<5;i++)
        scanf("%f",&score[i]);
    av=aver(score);                //调用 aver 函数
    printf("平均成绩:%.2f\n",av);
}
```

程序输入及程序运行结果：

请输入学生 5 门课程成绩:86.5 90.5 96.5 92 94.4↙

```
请输入学生5门课程成绩: 86.5 90.5 96.5 92 94.4
平均成绩: 76.65
Press any key to continue
```

【例 5-10】 用选择法将数组中 10 个整数由小到大排序。

分析 选择法就是先将 10 个整数中最小的数与 a[0]对换；再将 a[1]到 a[9]中最小的数与 a[1]对换……每比较一轮，找出一个未经排序的数中最小的一个,共比较 9 轮。

```c
#include <stdio.h>
int main()
{
    void sort(int array[],int n);
    int a[10],i;
    printf("请输入 10 个整数:");
    for(i=0;i<10;i++)
        scanf("%d",&a[i]);
    sort(a,10);
    printf("由小到大排序:");
    for(i=0;i<10;i++)
        printf("%d ",a[i]);
    printf("\n");
    return 0;
}
void sort(int array[],int n)
{
    int i,j,k,t;
    for(i=0;i<n-1;i++)
    {
        k=i;
        for(j=i+1;j<n;j++)
            if(array[j]<array[k])
                k=j;
        t=array[k];
        array[k]=array[i];
        array[i]=t;
    }
}
```

程序输入及程序运行结果：

请输入 10 个整数:2 4 6 8 10 1 3 5 7 9↙

5.3 函数的嵌套调用和递归调用

5.3.1 函数的嵌套调用

C 语言中函数的定义都是互相平行、彼此独立的,不允许函数嵌套定义,但可以嵌套调用函数,即在调用一个函数的过程中,又出现对另一个函数的调用,如图 5-2 所示。

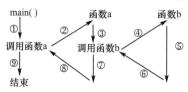

图 5-2 函数嵌套调用的执行过程

【例 5-11】 函数的嵌套调用举例

```c
#include<stdio.h>
void main()
{
    a();                    //调用函数 a
}
a()                         //函数 a
{
    printf("函数 a\n");
    b();                    //函数 a 里面嵌套调用函数 b
}
b()                         //函数 b
{
    printf("函数 b\n");
}
```

程序运行结果:

```
函数 a
函数 b
Press any key to continue
```

【例 5-12】 用函数的嵌套调用计算 sum=1! +2! +3! +…+n!。

分析 基于模块化思想可以将该问题分解为以下两个子问题:

①依次计算自然数 1~n 的阶乘;

②求这些阶乘值的累加和。

```c
#include<stdio.h>
int b(int n)                //计算累加和的函数
{
    int i,k=0;
    int a(int n);           //调用计算 n! 的函数
```

```
    for(i=1;i<=n;i++)
        k=k+a(i);
    return k;
}
int a(int n)                    //计算 n! 的函数
{
    int i,c=1;
    for(i=1;i<=n;i++)
        c=c*i;
    return c;
}
main()                         //主函数
{
    int i,n,sum;
    printf("请输入 n 的值:");
    scanf("%d",&n);
    sum=b(n);                   //调用计算累加和的函数
    printf("sum=%ld\n",sum);
}
```

程序运行结果:

```
请输入n的值: 5
sum=153
Press any key to continue_
```

5.3.2 函数的递归调用

函数的递归调用是指函数直接调用或间接调用自己,或调用一个函数的过程中出现直接或间接调用该函数自身。前者称为直接递归调用,后者称为间接递归调用。

用递归调用解决问题的必要条件如下:

(1)问题是递归的,解决方法是递归的,处理对象有规律递增或递减;

(2)问题可以用递归解决;

(3)递归有明确的结束条件。

递归函数的特点是:先被调用的后被执行完毕,后被调用的先被执行完毕,每次调用时给函数体内各变量重新分配空间,调用完毕返回到前一次调用的点,继续前一次调用函数的执行。

【例 5-13】 用递归调用函数计算 n!。

```
#include <stdio.h>
factorial(int n)
{
    if(n==0||n==1)                        //递归结束条件
    {
        return 1;
```

```
        }
    else
    {
        return factorial(n-1)*n;              //递归调用
    }
}
int main()
{
    int a;
    printf("请输入一个数：");
    scanf("%d",&a);
    printf("%d! = %ld\n",a,factorial(a));      //调用 factorial(int n)函数
    return 0;
}
```

分析   递归调用函数计算 n!。首先要弄清楚递归调用函数的执行过程,即递归的进入和递归的退出。

在本例题中递归的进入：

输入一个数为 5,求 5!,即调用 factorial(5)。当进入 factorial()函数体后,由于形参 n 的值为 5,不等于 0 或 1,所以执行 factorial(n-1)*n,也即执行 factorial(4)*5。为了求得这个表达式的结果,必须先调用 factorial(4),并暂停其他操作。即在得到 factorial(4)的结果之前,不进行其他操作,即为第一次递归。依次类推,进行四次递归调用后,实参的值为 1,会调用 factorial(1)。此时能够直接得到常量 1 的值,并把结果 return,就不需要再次调用 factorial()函数了,即递归进入就结束了,见表 5-1。

表 5-1   【例 5-13】递归调用函数逐层进入的过程

层次/层数	实参/形参	调用形式	需要计算的表达式	需要等待的结果
1	n=5	factorial(5)	factorial(4)*5	factorial(4)的结果
2	n=4	factorial(4)	factorial(3)*4	factorial(3)的结果
3	n=3	factorial(3)	factorial(2)*3	factorial(2)的结果
4	n=2	factorial(2)	factorial(1)*2	factorial(1)的结果
5	n=1	factorial(1)	1	无

在本例题中递归的退出：

当递归进入到最内层的时候,递归就结束了,就开始逐层退出了,也就是逐层执行 return 语句。

(1)n 的值为 1 时达到最内层,此时 return 出去的结果为 1,即 factorial(1)的调用结果为 1。有了 factorial(1)的结果,就可以返回上一层计算 factorial(1)*2 的值了。此时得到的值为 2,return 出去的结果也为 2,也即 factorial(2)的调用结果为 2。

(2)依次类推,当得到 factorial(4)的调用结果后,就可以返回最顶层。经计算,factorial(4)的结果为 24,那么表达式 factorial(4)*5 的结果为 120,此时 return 得到的结果也为 120,即 factorial(5)的调用结果为 120,即为 5!的值,见表 5-2。

表 5-2 　　　　　　　**【例 5-13】递归调用函数逐层退出的过程**

层次/层数	调用形式	需要计算的表达式	从内层递归得到的结果（内层函数的返回值）	表达式的值（当次调用的结果）
5	factorial(1)	1	无	1
4	factorial(2)	factorial(1) * 2	factorial(1)的返回值,也就是 1	2
3	factorial(3)	factorial(2) * 3	factorial(2)的返回值,也就是 3	6
2	factorial(4)	factorial(3) * 4	factorial(3)的返回值,也就是 6	24
1	factorial(5)	factorial(4) * 5	factorial(4)的返回值,也就是 24	120

【例 5-14】 函数的递归调用举例,猴子第一天摘下若干个桃子,当时就吃了一半,还不过瘾,就又多吃了一个。第二天又将剩下的桃子吃掉一半,又多吃了一个。以后每天都吃前一天剩下的一半多一个。到第 10 天在想吃的时候就剩一个桃子了,问第一天共摘下来多少个桃子? 并反向打印每天所剩桃子数。

```c
#include <stdio.h>
int getPeachNumber(n)                       //自定义函数
{
    int num;                                //定义所剩桃子数
    if(n==10)
    {
        return 1;                           //递归结束条件
    }
    else
    {
        num=(getPeachNumber(n+1)+1) * 2;    //递归调用
        printf("第%d天所剩桃子:%d个\n",n,num);
    }
    return num;
}
int main()                                  //主函数
{
    int num=getPeachNumber(1);              //调用函数自定义函数
    printf("猴子第一天摘了:%d个桃子。\n", num);
    return 0;
}
```

程序运行结果:

```
第9天所剩桃子: 4个
第8天所剩桃子: 10个
第7天所剩桃子: 22个
第6天所剩桃子: 46个
第5天所剩桃子: 94个
第4天所剩桃子: 190个
第3天所剩桃子: 382个
第2天所剩桃子: 766个
第1天所剩桃子: 1534个
猴子第一天摘了:1534个桃子。
Press any key to continue
```

5.4　变量的作用域与生命周期

在 C 语言中变量的作用域,就是变量的有效作用范围。变量只能在其作用域范围内起作用,而作用域以外是不能被访问的,或者说是不可见的,从而也确定了生命周期。

5.4.1　局部变量

局部变量也称为内部变量。局部变量是在函数内做定义说明的,其作用域仅限于函数内,离开该函数后再使用这种变量是非法的。

例如:
```
int f (int a)
{
    int b,c;              //a,b,c 仅在函数 f()内有效
    ...
    ...
}
int main()
{
    int m,n;              //m,n 仅在函数 main()内有效
    ...
    ...
}
```

知识小贴士

C 语言中,在以下位置定义的变量属于局部变量。
(1)在函数体内定义的变量,在本函数范围内有效,作用域仅限于函数体内。
(2)有参函数的形式参数也是局部变量,只在其所在的函数范围内有效。
(3)在复合语句内定义的变量,在本复合语句范围内有效,作用域仅限于复合语句内。

【例 5-15】　分析以下程序的运行结果,注意局部变量的定义与应用。
```
#include<stdio.h>
int sum(int a,int b);
int main()
{
    int x, y;
    int s;                   //局部变量 s,在主函数 main()中有效
    printf("请输入两个数:");
    scanf("%d%d",&x,&y);
    s=sum(x,y);
```

```
    printf("sum= % d\n",s);
    return 0;
}
int sum(int a,int b)
{
    int s;          //局部变量 s,在自定义函数 sum()中有效
    s=a+b;
    return s;
}
```

程序输入及程序运行结果：

请输入两个数：2 3↙

```
请输入两个数: 2 3
sum=5
Press any key to continue
```

5.4.2 全局变量

全局变量也称外部变量,是指定义在函数外部的变量。程序中的任何函数都可以使用全局变量,它的作用域是从变量定义处开始到程序的末尾处结束。

全局变量可以和局部变量同名。若一个全局变量和某个函数中的局部变量同名,则全局变量将在该函数中被屏蔽,即在该函数内局部变量有效,全局变量不起作用。

【例 5-16】 分析以下程序的运行结果,注意全局变量的定义与应用。

```
# include<stdio.h>
int a=3,b=5;                    //a,b 为全局变量
max(int a,int b)
{
    int c;
    c=a>b? a:b;
    return (c);
}
main()
{
    int a=8;
    printf("max= % d\n",max(a,b)); //a,b 为局部变量,全局变量 a 在该函数中被屏蔽
    return 0;
}
```

程序运行结果：

```
max=8
Press any key to continue
```

知识小贴士

尽管全局变量使用起来很方便,利用全局变量作用域大的优势可以减少函数参数个数,从而减少内存空间以及传递数据时的时间消耗。但是并不建议过多使用全局变量,因为过多使用全局变量会降低程序的清晰性,往往很难清楚地判断每个瞬间各外部变量的值,并且各函数都可以改变外部变量的值,也使程序易于出错。

5.5　数据的存储类别

程序在运行时,存储空间被分成代码区和数据区两部分。数据区又被分为静态存储区和动态存储区,如图 5-3 所示。

$$存储空间 \begin{cases} 代码区 \\ 数据区 \begin{cases} 静态存储区 \\ 动态存储区 \end{cases} \end{cases}$$

图 5-3　存储空间示意图

"存储类别"是指变量在内存中的存储方式,根据系统为变量分配的存储区域不同,存储方式被分为静态存储方式和动态存储方式两种。

(1)静态存储方式:指在程序运行期间分配固定的存储空间;

(2)动态存储方式:指在程序运行期间根据需要动态分配存储空间。

C 语言提供了 4 种存储类型修饰符:auto(自动变量)、register(寄存器变量)、static(静态变量)和 extern(外部变量),在定义变量时放在类型说明符的前面。

变量定义的一般形式如下:

[存储类别标识符] 数据类型 标识符 变量名 1,变量名 2,…,变量名 n;

5.5.1　auto（自动变量）

自动存储类型修饰符(auto)指定了一个局部变量为自动的,每次执行到定义该变量的语句块时,都动态地分配存储空间,即数据存储在动态存储区中。

auto(自动变量)定义的一般形式如下:

[auto]数据类型 标识符 变量名 1,变量名 2,…,变量名 n;

例如:

```
{
    int i,j,k;
    char ch;
    ...
}
```

等价于:

```
{
    auto int i,j,k;
    auto char ch;
    ...
}
```

auto 变量具有以下特点:

①自动变量的作用域仅限于定义该变量的函数或复合语句内。也就是说函数体内定义的自动变量,当函数运行结束后该变量的存储空间被释放,其中的值也不能保留。而复合语句中定义的自动变量,在退出复合语句后也不能再使用。

②由于自动变量的作用域和生存期仅限于定义它的函数体或复合语句内,因此,当不同区域内定义了同名的变量时,系统并不会将它们混淆在一起,系统总是遵循"作用域小的变量屏蔽作用域大的同名变量"的原则。

5.5.2　register(寄存器变量)

寄存器变量用关键字 register 表示,也属于动态变量它与 auto 变量的区别是:register 变量的值存放在 CPU 的寄存器中,auto 变量的值存放在内存单元中。程序运行时,CPU 访问寄存器的速度比访问内存的速度快,因此把变量设置为 register 型将提高程序运行的速度。

register(寄存器变量)定义的一般形式如下:

[register] 数据类型 标识符 变量名1,变量名2,…,变量名n;

例如

register int i;

使用寄存器变量必须注意以下几点:

①CPU 中寄存器的数量有限,只能将使用频率较高的少数变量设置为 register 型。当没有足够的寄存器来存放指定的变量,或编译程序认为指定的变量不适合放在寄存器中时,将自动按 auto 变量来处理。因此,register 说明只是对编译程序的一种建议,不是强制的。

②register 型变量是存放在寄存器中而不是放在内存中,因此这种类型的变量没有地址,不能对它进行求地址运算。

③寄存器的长度一般与机器的字长相同,所以数据类型为 float、long、double 的变量通常不能定义为 register 型,只有 int、short、char 类型的变量可以定义为 register 型。

【例 5-17】　分析以下程序的运行结果,注意 register(寄存器变量)的定义与应用。

```c
#include <stdio.h>
int power(register int n)
{
    register int i, sum=0;              //定义寄存器型的变量 i、sum
    for(i=1;i<=n;i++)
    {
        sum=sum+i;
    }
    return (sum);
}
void main( )
{
    int n;
    printf("请输入一个整数:");
    scanf(" %d",&n);
    printf("1+2+3+…+%d = %d\n",n,power(n));
}
```

程序输入及程序运行结果：

请输入一个整数：100↙

```
请输入一个整数:100
1+2+3+…+100 =5050
Press any key to continue_
```

5.5.3　static（静态变量）

静态变量用关键字 static 表示，此类变量存放在静态存储区里。一旦为其分配了存储单元，那么在整个程序运行期间，其占用的存储单元将固定存在，不会被系统释放掉，直到程序运行结束，因此静态变量也称为永久存储变量（或内部变量）。

static（静态变量）定义的一般形式如下：

[static] 数据类型 标识符 变量名 1，变量名 2，…，变量名 n；

例如：

static int x；

静态变量分为两种：静态局部变量和静态全局变量。

（1）静态局部变量

静态局部变量定义时，关键字 static 不能省略，如果省略了就表示定义的是自动变量，而不是静态变量。static 型局部变量和 auto 型、register 型局部变量在使用上的区别是：

①static 型局部变量在程序的整个运行期间永久性地占用存储单元，即使退出某个用户自定义函数，下次再进入该函数时，静态局部变量仍保留上一次退出函数时的值。而 auto 型或 register 型局部变量在退出函数后，其存储单元就被释放掉，数值也随之消失。

②static 型局部变量定义后如果未赋初值，则 C 程序自动给它赋值为 0。而 auto 型变量如果未赋初值，其初值是随机数。

③static 型局部变量的初值是在编译时赋予的，而 auto 型变量是在程序执行过程中赋值的。

（2）静态全局变量

在全局变量说明的前面再加上 static 就构成了静态全局变量。全局变量本身就存放在静态存储区，静态全局变量当然也存放在静态存储区。这两者的区别在于：当一个程序由多个源文件（.c）组成时，非静态全局变量的作用域是整个源程序，即在所有源文件中都有效；而静态全局变量的作用域仅限于定义该变量的这个源程序本身，其他源文件不能引用它。

由此可见，静态全局变量限制了全局变量作用域的扩展，从而达到了信息的隐蔽。这对于编写一个具有众多源文件的大型程序是十分有益的，程序员不用担心因全局变量定义重名而引起混乱。

【例 5-18】　分析以下程序的运行结果，注意 static（静态变量）的定义与应用。

```
#include <stdio.h>
int fun(int, int);
void main()
```

```
{
    int k＝1,m＝2,p;
    p＝fun(k,m);                 //第一次调用 fun( )函数
    printf("％d\n",p);
    p＝fun(k,m);                 //第二次调用 fun( )函数
    printf("％d\n",p);
}
int fun(int a,int b)
{
    static int m＝3;             //定义静态型局部变量
    int n＝1;
    n＝m＋n;
    m＝n＋a＋b;
    return (m);
}
```

程序运行结果：

```
7
11
Press any key to continue
```

5.5.4 extern（外部变量）

在函数外定义的变量就是外部变量,类型修饰符为 extern。因此外部变量就是全局变量,它的作用域和生命周期与全局变量完全相同。需明确,外部变量和全局变量指的是同一类变量,但是全局变量是从作用域的角度提出的,外部变量是从存储方式的角度提出的。

extern 的定义的一般形式如下：

［extern］数据类型说明符　变量名表；

在较大型的 C 程序设计中,一个源程序往往由多个源文件组成,如果一个源文件中定义的全局变量在另外的源文件中也要使用到,则需要用 extern 对该全局变量进行说明。

例如:有两个源文件 f1.c 和 f2.c。在源文件 f1.c 中定义了全局变量 x、y,而在另一个源文件 f2.c 中需要引用这两个全局变量,则在 f2.c 中需要用 extern 对全局变量 x、y进行声明。

文件 f1.c 的内容为：

```
int x, y;                       //外部变量的定义
void main( )
{
    ……
}
```

文件 f2.c 的内容为：

```
extern int x, y;                       //外部变量的声明
void fun( )
{
    x = x + y;
    ……
}
```

【例 5-19】　分析以下程序的运行结果,注意外部变量的定义与外部说明的使用。

```
#include <stdio.h>
int max(int x, int y)
{
    int z;
    z=x>y? x:y;
    return (z);
}
int main( )
{
    extern int a, b;                   //对变量 a 和 b 进行外部说明
    printf("max= % d\n",max(a, b));
    return 0;
}
int a=10,b=15;
```

程序运行结果：

```
max=15
Press any key to continue
```

5.6　综合实例

【例 5-20】　编写程序,用函数来实现向一个升序数组中插入一个数,并使该数组仍然有序。

分析

①如何在有序数组中插入一个数组元素？在数组中插入一个元素可以通过比较被插入元素与各个元素的值找到相应的插入位置,然后将其插入位置后,其余数组元素依次向后移动一个元素位置。

②如何设计函数？在一个有序数组中插入一个元素,主调函数需要将数组名及数组元素的个数传递给被调函数,此外实际参数还应包括被插入元素的值,因此该函数应该有 3 个参数。

```
#include<stdio.h>
#define N 10                           //数组最多元素个数
int insert(int a[],int n,int x);    //insert 函数声明
```

```
int main()
{
    int a[N],i,n,x;
    printf("请输入数组元素的个数：");
    scanf("%d",&n);
    printf("请输入n个升序排列的数：");
    for(i=0;i<n;i++)
        scanf("%d",&a[i]);
    printf("请输入待插入数：");
    scanf("%d",&x);
    n=insert(a,n,x);                //实际参数用数组名字a
    printf("插入数后排序为：");
    for(i=0;i<n;i++)
        printf("%d  ",a[i]);        //输出插入后数组的元素
    printf("\n");
    return 0;
}
int insert(int a[],int n,int x)
{
    int i,j;
    i=0;                            //查找插入位置：i
    while((i<n)&&(a[i]<=x))
        i++;
    for(j=n;j>=i;j--)               //将下标从i到n-1的数组元素向后移动一个元素的位置
        a[j+1]=a[j];
    a[i]=x;                         //插入新元素x
    n++;                            //新数组元素个数加1
    return n;
}
```

程序输入及程序运行结果：

请输入数组元素的个数：6↙

请输入n个升序排列的数：1 2 4 5 6 7↙

请输入待插入数：3↙

【例5-21】 用递归的方法求Fibonacci数列的第n个数。

分析 构造递归函数Fibonacci数列是以1,1两个数字开始,以后每一个数都是前两个数的和,即1,1,2,3,5,8,13,21,……。根据以上分析可定义递归函数如下：

$$\mathrm{fib(n)} = \begin{cases} 1 & n=1 \text{ 或 } n=2 \\ \mathrm{fib}(n-1)+\mathrm{fib}(n-2) & n>2 \end{cases}$$

程序代码如下：

```
#include <stdio.h>
long fibonacci(int n);                                    //fibonacci 函数声明
int main()
{
    int n;
    printf("请输入 fibonacci 的第几个数:");
    scanf("%d",&n);
    printf("fibonacci 的第 %d 个数为:%d\n",n,fibonacci(n));  //调用 fibonacci 函数
    return 0;
}
longfibonacci(int n)
{
    if((n==1)||(n==2))                                    //递归出口
        return(1);
    else
        return(fibonacci(n-1)+ fibonacci(n-2));           //递归调用
}
```

程序输入及程序运行结果：

请输入 fibonacci 的第几个数:10↙

```
请输入fibonacci的第几个数:10
fibonacci的第 10 个数为: 55
Press any key to continue
```

【例 5-20】　任意输入 10 个正整数，找出其中素数并求出素数的和。要求用函数实现，在主函数中完成输入/输出。

　　分析　先编写一个判断素数的函数，将找出的素数存起，再编写一个函数求所有素数的和，由主函数调用。

```
#include<stdio.h>
#include<math.h>
int prime(int x)                          //判断输入的数是否为素数
{
    int i;
    if(x<=1)
        return 0;
    for(i=2;i<=sqrt(x);i++)
        if(x%i==0)
            return 0;
    return 1;
}
```

```
    int sum(int d[],int n)                    //对素数求和
    {
        int i,s=0;
        for(i=0;i<n;i++)
            s=s+d[i];
            return s;
    }
    main()
    {
        int a[10],b[10],i,j=0;
        printf("请输入 10 个正整数:");
        for(i=0;i<10;i++)
            scanf("%d",&a[i]);
        for(i=0;i<10;i++)
            if(prime(a[i]))                    /*调用 prime 函数,判断输入数是否为素数,若是
                                                 素数则存放于数组 b 中。*/
            {
                b[j]=a[i];
                j++;
            }
        printf("输入数中的素数有:");
        for(i=0;i<j;i++)
            printf("%d  ",b[i]);
        printf("\n");
        printf("素数和为:  %d\n",sum(b,j));    //调用 sum 函数求素数和
    }
```

程序输入及程序运行结果：

请输入 10 个正整数:1 2 3 4 5 6 7 8 9 10↙

```
请输入10个正整数: 1 2 3 4 5 6 7 8 9 10
输入数中的素数有:2  3  5  7
素数和为:  17
Press any key to continue
```

5.7 本章小结

　　函数是构成 C 语言程序的基本单位,即函数是 C 程序的基本模块,通过函数模块的调用实现各种各样的功能。在每个程序中,主函数 main()是必须存在的,所有程序的执行都是从主函数 main()开始的,而不论主函数 main()在程序中的任何位置。可以将主函数 main()放在整个程序的最前面,也可以放在整个程序的最后,或者放在其他函数之间。通常主函数 main()调用其他函数,但不能被其他函数调用。如果不考虑函数的功能和逻辑,其他函数没有从属关系,可以相互调用。

5.8　习题练习

一、单项选择题

1. 一个 C 语言程序中(　　　)。

A. main 函数必须出现在所有函数之前

B. main 函数可以在任何地方出现

C. main 函数必须出现在所有函数之后

D. main 函数必须出现在固定位置

2. 以下关于 C 语言函数的定义叙述正确的是(　　　)。

A. 函数可以嵌套定义,但不可以嵌套调用

B. 函数不可以嵌套定义,但可以嵌套调用

C. 函数不可以嵌套定义,也不可以嵌套调用

D. 函数可以嵌套定义,也可以嵌套调用

3. 函数调用时,当实参和形参都是简单变量时,他们之间数据传递的过程是(　　　)。

A. 实参将其地址传递给形参,并释放原占用的存储单元

B. 实参将其地址传递给形参,调用结束时形参再将其地址回传给实参

C. 实参将其值传递给形参,调用结束时形参将其值回传给实参

D. 实参将其值传递给形参,调用结束时形参并不将其值回传给实参

4. C 语言规定函数的返回值的类型是由(　　　)。

A. return 语句中的表达式类型所决定

B. 调用该函数时的主调用函数类型所决定

C. 调用该函数时系统临时决定

D. 在定义该函数时所指定的函数类型所决定

5. 在 C 语言中,简单变量做实参时,它和对应形参之间的数据传递方式是(　　　)。

A. 地址传递

B. 单向值传递

C. 由实参传给形参,再由形参传回实参

D. 由用户指定传递方式

6. 下列程序的输出结果是(　　　)。

```c
#include<stdio.h>
fun(int a,int b,int c)
{
    c=a*b;
}
int main()
{
    int c;
```

```
    fun(2,3,c);
    printf("%d\n",c);
    return 0;
}
```

A. 0　　　　　　　　B. 6　　　　　　　　C. 1　　　　　　　　D. 无法确定

7. 下列程序运行后的输出结果是（　　）。

```
#include<stdio.h>
int x=1;
func(int c)
{
    x=3;
}
int main()
{
    func(x);
    printf("%d\n",x);
    return 0;
}
```

A. 1　　　　　　　　B. 3　　　　　　　　C. 0　　　　　　　　D. 无法确定

8. 下列程序运行后的输出结果是（　　）。

```
#include<stdio.h>
void a(int x)
{
    printf("%d\n",++x);
}
main()
{
    int i=10;
    a(i);
}
```

A. 9　　　　　　　　B. 10　　　　　　　　C. 11　　　　　　　　D. 无法确定

9. 下列程序运行后的输出结果是（　　）。

```
#include<stdio.h>
func(int a)
{
    int b=1;
    b++;
    return (a+b);
}
main()
{
```

```
    int a=4,x;
    for(x=0;x<3;x++)
        printf("%d",func(a));
    printf("\n");
}
```

A. 567   B. 666   C. 777   D. 678

10. 下列程序运行后的输出结果是（   ）。

```
#include<stdio.h>
int gc(int b[],int n)
{
    int i,s=1;
    for(i=0;i<=n;i++)
        s=s*b[i];
    return s;
}
main()
{
    int x,a[]={1,2,3,4,5};
    x=gc(a,2);
    printf("%d\n",x);
}
```

A. 5   B. 6   C. 7   D. 8

二、阅读分析程序

1. 程序代码：

```
#include<stdio.h>
int m=3;
int fun(int x,int y)
{
    int m=3;
    return (x*y-m);
}
main()
{
    int a=7,b=5;
    printf("%d\n",fun(a,b));
}
```

程序运行结果：_____

2. 程序代码：

```
#include<stdio.h>
void func(int a,int b,int c)
{
```

187

```
        printf("a=%d,b=%d,c=%d\n",a,b,c);
}
void main()
{
        int i=2;
        func(i,i++,i--);
}
```
程序运行结果：_____

3.程序代码：
```
#include<stdio.h>
int fun(int a,int b,int c)
{
        c=a*b;
        return c;
}
void main( )
{
        int c;
        c=fun(2,3,c);
        printf("%d\n",c);
}
```
程序运行结果：_____

4.程序代码：
```
#include<stdio.h>
int fun(int k)
{
        static int i=0;
        i++;
        return(k*k*i);
}
void main()
{
        int i=0;
        for(i=0;i<5;i++)
                printf("%d ",fun(i));
        printf("\n");
}
```
程序运行结果：_____

5.程序代码：
```
#include<stdio.h>
func (int x)
```

```
{
    int p;
    if(x==0||x==1)
        return(3);
    p=x-func(x-2);
    return p;
}
main()
{
    printf(" %d\n",func(9));
}
```

程序运行结果:_____

6.程序代码:

```
#include<stdio.h>
func(int a[][3])
{
    int i,j,sum=0;
    for(i=0;i<3;i++)
        for(j=0;j<3;j++)
        {
            a[i][j]=i+j;
            if(i==j);
            sum=sum+a[i][j];
        }
    return (sum);
}
main()
{
    int sum,a[3][3]={1,2,3,4,5,6,7,8,9};
    sum=func(a);
    printf("sum= %d\n",sum);
}
```

程序运行结果:_____

7.程序代码:

```
#include<stdio.h>
long fib(int n)
{
    if(n>2)
        return (fib(n-1)+fib(n-2));
    else
        return (2);
```

```
}
main()
{
    printf(" % d\n",fib(3));
}
```

程序运行结果:_____

8.程序代码:

```
# include<stdio.h>
# define N 10
int func(int b[])
{
    int s=0,i;
    for(i=0;i<N;i++)
        s=s+b[i];
    return (s);
}
main()
{
    int a[]={1,2,3,4,5,6,7,8,9,10},s;
    s=func(a);
    printf("s= % d\n",s);
}
```

程序运行结果:_____

9.程序代码:

```
# include<stdio.h>
fun1(int a,int b)
{
    int c;
    a+=a;
    b+=b;
    c=fun2(a,b);
    return (c*c);
}
fun2(int a,int b)
{
    int c;
    c=a*b%3;
    return c;
}
main()
{
```

```
    int x=11,y=19;
    printf("%d\n",fun1(x,y));
}
```

程序运行结果：_____

10.程序代码：

```
#include<stdio.h>
#define N 4
void fun(int a[][N],int b[])
{
    int i;
    for(i=0;i<N;i++)
        b[i]=a[i][i];
}
main()
{
    int x[][N]={{1,2,3},{4},{5,6,7,8},{9,10}},y[N],i;
    fun(x,y);
    for(i=0;i<N;i++)
        printf("%d,",y[i]);
    printf("\n");
}
```

程序运行结果：_____

三、程序设计

1.写一个判断偶数的函数,在主函数中输入一个整数,输出其是否为偶数信息。

2.写一个判断素数的函数,在主函数中输入一个整数,输出其是否为素数信息。

3.分别输入 5 名学生的 3 门课程成绩,用函数实现每名学生的平均分。

4.写一个函数,用"起泡法"对输入的 10 个数按从小到大顺序排列。

5.写两个函数,分别求两个整数的最大公约数和最小公倍数,用主函数调用这两个函数,并输出结果。两个整数由键盘输入。

6.写一个函数,使给定的一个 3×3 的二维整型数组转置,即行列互换。

7.用函数的递归调用计算:$1^2+2^2+3^2+\cdots+n^2$ 的值,n 的值由键盘输入。

8.猴子第一天摘下若干个桃子,当时就吃了一半,还不过瘾,就又多吃了一个。第二天又将剩下的桃子吃掉一半,又多吃了一个。以后每天都吃前一天剩下的一半多一个。到第 10 天想吃的时候就剩一个桃子了,问第一天共摘下来多少个桃子? 用函数的递归调用现实,并反向打印每天所剩桃子数。

第6章

指针

指针是 C 语言的精华之一,灵活方便、功能强大。因此,指针是最能体现 C 语言特色的部分,也是 C 语言的灵魂。在 C 语言学习中,能否理解和使用指针是我们是否掌握 C 语言的一个重要标志。

本章将针对指针的概念、指针的运算,以及指针的相关应用等进行详细的讲解。

6.1 指针与指针变量

6.1.1 指针与地址

1. 内存地址

在计算机中,所有的运行数据都存放在内存储器中,内存储器中的一个字节占用一个内存单元。为方便访问这些内存单元,我们为每个内存单元进行了编号,这些编号就称为内存地址。

例如:scanf("%d",&n);   //使用取地址运算符 & 获得变量 n 的内存地址

2. 指针

根据内存地址就可以找到相应的内存单元,所以通常也把地址称为指针。

例如:scanf("%d",&n)   //语句中 &n 就是变量 n 的指针(地址)

C 语言允许用一个变量来存放指针,这种变量称为指针变量,而指针变量的值就是某个内存单元的地址。

> **知识小贴士**
>
> 内存单元的指针(地址)和内存单元的内容是两个不同的概念。对一个内存单元来说,单元的地址即指针,其中存放的数据才是该单元的内容。

3. 变量的直接访问与间接访问

在 C 语言程序中，变量的访问(也称读/写)有直接访问与间接访问两种。

直接访问是指一个变量可以直接通过其变量名存取数值。

间接访问是指通过存放变量地址的变量去访问变量。

> **知识小贴士** ● ● ● ● ● ● ● ● ● ● ● ● ● ● ● ● ● ●
>
> 直接访问与间接访问可以这样来理解。为了打开 A 抽屉，有两种办法：一种是将 A 钥匙随身携带，需要时直接找出该钥匙打开抽屉，取出所需的东西；另一种办法是将 A 钥匙放到另一个抽屉 B 中锁起来，如果需要打开 A 抽屉，就需要先找出 B 钥匙，打开 B 抽屉，取出 A 钥匙，再打开 A 抽屉，取出 A 抽屉中的物品，这就是间接访问。

6.1.2　指针变量的定义

在 C 语言中，允许用一个变量来存放指针，这种变量称为指针变量。在具体使用中，指针变量与一般变量一样先定义后使用。指针变量定义的一般形式如下：

类型说明符(数据类型)＊指针变量名；

其中，类型说明符表示该指针变量所指向的变量的数据类型；＊是指说明符，表示它后面的变量是指针变量，指针变量名是 C 语言中合法的标识符。

例如：

int ＊ p1　　/＊定义了一个指向 int 型变量的指针变量 p1(p1 的值是 int 型变量的地址)＊/
float ＊ p2　/＊定义了一个指向 float 型变量的指针变量 p2(p2 的值是 float 型变量的地址)＊/
char ＊ p3　　/＊定义了一个指向 char 型变量的指针变量 p3(p3 的值是 char 型变量的地址)＊/

> **知识小贴士** ● ● ● ● ● ● ● ● ● ● ● ● ● ● ● ● ●
>
> 在定义指针变量时，任何一个指针变量的前面都要有指针说明符＊。
>
> 例如，int ＊ p1,a,b;该语句定义了 3 个变量，但只有＊p1 是指针变量，a、b 为普通的 int 型变量。如果要定义以上三个变量都为指针变量，该语句应改为：int ＊ p1, ＊ a, ＊ b;

6.1.3　指针变量的初始化

指针变量同其他变量一样，在使用前必须先定义后使用，在定义指针变量时也可以进行赋初值。指针变量的初始化一般形式如下：

类型说明符　＊指针变量名[＝初值]；

功能：定义指向给定"数据类型"的变量或数组的指针变量，并同时为指针变量赋初值。其中：

(1)指针变量与其他变量定义一样，可以一次定义多个并赋初值。

(2)"数据类型"指出所定义的指针变量用来存放何种类型数据的地址。该类型说明符不是指针型变量中存放的数据类型，而是它将要指向的变量或数组元素的数据类型。因此，"数据类型"也称为指针变量的基类型。

例如：int＊i；其中 i 是变量名，i 变量的数据类型是"int＊"型，即存放 int 变量地址的类型。"int"和"＊"加起来才是变量 i 的类型，所以 int 称为基类型。

(3)初值的形式通常有："& 普通变量名""& 数组元素""数组名"。C语言规定"数组名"在程序中可以代表数组的首地址。由此可见，指针变量的初值只能为表示地址的数据。

【例 6-1】 指针变量举例。

```c
#include<stdio.h>
main()
{
    int a=5,b=10;
    int * p1,* p2;        // 定义两个 int 型指针变量 p1、p2
    p1=&a;                // 将变量 a 的地址值赋值给指针变量 p1
    p2=&b;                // 将变量 b 的地址值赋值给指针变量 p2
    printf("a= %d,b= %d\n", * p1, * p2);
    return 0;
}
```

程序运行结果：

```
a=5,b=10
Press any key to continue
```

知识小贴士

以上程序中语句 p1＝&a；p2＝&b；赋值关系如图 6-1 所示。

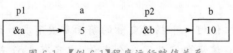

图 6-1 【例 6-1】程序运行赋值关系

需要注意的是，指针变量可以指向任何类型的变量。当定义指针变量时，如果未给指针变量赋值，则指针变量的值是随机的，不能确定它具体的指向，所以必须为其赋值才有意义。

6.1.4 指针变量的引用与运算

1.指针变量的引用

指针变量的引用，提供了被指向的一种间接访问形式。指针变量引用的一般形式如下：

＊指针变量

功能:间接引用指针变量所指向的值。

【例6-2】 用指针变量进行数据的输入/输出。

```
#include<stdio.h>
main()
{
    int m, * p;
    scanf(" % d",&m);
    p=&m;                       //指针 p 指向变量 m
    printf(" % d\n", * p);      // * p 是对指针所指的变量的引用形式,与 m 等价
    return 0;
}
```

程序输入及程序运行结果:

5↙

```
5
5
Press any key to continue_
```

2.指针变量的使用

指针变量与内存地址直接相关,因此使用指针变量时,经常会用到两个重要的指针运算符:取地址运算符"&"和取内容运算符"＊"。

(1)取地址运算符

取地址运算符"&"的作用是取符号"&"后的变量的地址。当对一个变量运用取地址运算符时,得到的结果是这个变量的地址。

例如:

```
int a;
int * p=&a; //将整型变量 a 的地址赋值给整型指针变量 p
```

●知识小贴士

取地址运算符"&"是单目运算符,结合性为"左结合",后面能接任何类型的变量(包括指针变量)。

(2)取内容运算符

取内容运算符"＊"的作用是取指针变量所指向的变量的值,即通过指针变量来间接访问它所指向的变量。

例如:

```
int a=5,b;
int * p=&a;        //整型变量 a 的地址存入整型指针 p 中(P 指向了变量 a)
b= * p;            // * p 运算将指针所指向的变量 a 的值取出并赋值给 b(b 的值为 5)
```

●知识小贴士 ● ● ● ● ● ● ● ● ● ● ● ● ● ● ● ● ●

取内容运算符"＊"是单目运算符,结合性为"左结合",后面只能接指针变量。

【例 6-3】 用指针变量进行数据的输入/输出。

```c
# include <stdio.h>
int main( )
{
    int m, * p;               //定义 m 为整型变量,p 为整型指针变量
    p＝&m;
    printf("请输入 m 的值:");
    scanf(" % d",p);          //该语句等价于:scanf(" % d",&m);
    printf(" % d\n", * p);    //该语句等价于:printf(" % d\n",m);
    m＝4;
    printf(" % d , % d\n", m, * p);
    * p＝8;                    //将整数 8 赋给 p 当前所指向的变量(相当于把 8 赋给 m)
    printf(" % d , % d\n", m, * p);
    return 0;
}
```

程序输入及程序运行结果:

请输入 m 的值:5↙

```
请输入m的值: 5
5
4 ,4
8 ,8
Press any key to continue_
```

【例 6-4】 随机从键盘输入两个整数,按由大到小的顺序输出。

```c
# include<stdio.h>
int main( )
{
    int * p1, * p2,a,b,t;     //注意 t 为整型变量
    scanf(" % d, % d",&a,&b);
    p1＝&a;
    p2＝&b;
    if(a<b)                   //通过整型变量比较
    {
        t＝ * p1;             //交换指针变量指向的整型变量
        * p1＝ * p2;
        * p2＝t;
    }
    printf(" % d, % d\n",a,b);
```

```
        return 0;
}
```

程序输入及程序运行结果：

2,3↙

```
2,3
3,2
Press any key to continue_
```

在以上程序运行过程中,指针与指针所指向的变量之间的关系如图 6-2 所示。当指针被赋值后,其在内存的存储如图 6-2(a)所示,当数据比较后进行交换,这时指针变量与指针所指向的变量的关系如图 6-2(b)所示。在整个程序运行期间,指针变量与其指向的变量的指向关系始终没有变化。

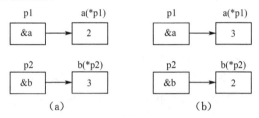

图 6-2　【例 6-4】中程序运行过程中指针与变量的关系

【例 6-5】　修改【例 6-4】程序,通过修改指针指向,实现从大到小输出两个整数。

```
#include<stdio.h>
int main( )
{
    int * p1, * p2, * t,a,b;   //定义了指针变量 t
    scanf(" % d, % d",&a,&b);
    p1=&a;
    p2=&b;
    if( * p1< * p2)          //通过指针变量所指向的指针进行比较
    {
        t=p1;
        p1=p2;
        p2=t;
    }
    printf(" % d, % d\n", * p1, * p2);
    return 0;
}
```

程序输入及程序运行结果：

2,3↙

```
2,3
3,2
Press any key to continue_
```

【例 6-5】程序与【例 6-4】程序的运行结果相同,程序在运行过程中实际存放在内存的数据没有变,是指向该变量的指针交换了指向,如图 6-3 所示。

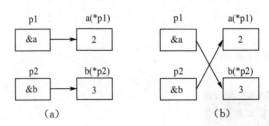

图 6-3 【例 6-5】修改程序后运行中指针与变量的关系

知识小贴士

如果已经执行了以下语句：

int a, * p;

p=&a;

那么对 & 和 * 运算符的几点说明如下：

(1) & * p；& 和 * 两个运算符的优先级相同。但按自右而左的方向结合，因此先进行 * p 的运算，它就是变量 a，再执行 & 运算。因此，& * p 与 &a 相同，即变量 a 的地址。

(2) * &a；先进行 &a 运算，得到 a 的地址，再进行 * 运算，即 &a 所指向的变量，也就是变量 a。* &a 和 * p 的作用是一样的，它们都等价于变量 a。

(3) (* p++)；相当于 a++。注意括号是必要的，如果没有括号，就成了 * p++，等价于 * (p++)。由于++在 p 的右侧，是"后加"，因此先对 p 的原值进行 * 运算，得到 a 的值，然后使 p 的值改变，这样 p 将不再指向 a。

6.1.5 指针变量作为函数参数

函数的参数不仅可以是整型、实型、字符型及数组等数据，也可以是指针类型数据。当使用指针类型做函数的参数时，实际上是将一个变量的地址传向另一个函数。由于被调函数获得了变量的地址，该地址空间中的数据变更在函数调用结束后将被物理地址保留下来。

【例 6-6】 随机从键盘输入两个整数，按由大到小的顺序输出。

分析 使用函数调用并采用指针变量作为函数的参数进行处理。

```c
#include<stdio.h>
int main( )
{
    void max(int * pt1,int * pt2);          //函数声明
    int * p1, * p2,a,b;
    scanf("% d, % d",&a,&b);
    p1=&a;
    p2=&b;
    max(p1,p2);                             //函数调用
```

```
        printf("%d,%d\n",*p1,*p2);
}
void max(int *pt1,int *pt2)                    //被调函数实现将两数值调整为由小到大
{
        int t;
        if(*pt1<*pt2)                          //交换内存变量的值
        {
                t=*pt1;
                *pt1=*pt2;
                *pt2=t;
        }
}
```

程序输入及程序运行结果：

3,5↙

```
3,5
5,3
Press any key to continue
```

【例 6-6】程序在调用函数时,实参是指针变量,形参也是指针变量,实参与形参相结合,函数调用将指针变量传递给形参 pt1 和 pt2。由于此时传递的是变量地址,使得在被调函数中 pt1 和 pt2 具有了 p1 和 p2 的值,指向了与主函数相同的内存变量,并对其在内存存放的数据交换。

6.2　指针与指针数组

变量在内存中是按地址存取的,数组在内存中同样也是按地址存取的。对数组来说,数组名就是数组在内存中存放的首地址。指针变量是用于存放变量的地址,可以指向变量,也可以存放数组的首地址或数组元素的地址,即指针变量可以指向数组或数组元素。

6.2.1　指针与一维数组

1. 指向一维数组元素的指针

如果定义了一个一维数组,该数组在内存中就会由系统分配一段连续的存储空间。此时定义一个指针,并把数组的第 1 个元素的起始地址赋值给该指针,则该指针就指向了这个一维数组。

例如:

int a[3]={1,2,3},*p;

P=&a[0];

以上第 2 条语句把数组元素 a[0]的地址赋给指针 p,使 p 指向数组 a 的第 1 个元素,此时指针 p 就指向了一维数组 a。

C 语言规定,数组名代表数组的第 1 个元素的起始地址,也称为数组的首地址,它是一个地址常量。因此,数组名是指向数组首元素的常指针,在程序运行过程中,不允许改

变数组名的值。

例如：

int a[3]={1,2,3},* p;

p=&a[0];

或

p=a;

上面第 2、3 条语句都使 p 指向了数组首地址,其中 a 是数组的首地址,&a[0]是数组元素 a[0]的地址,因 a[0]的地址就是数组的首地址,所以,两条语句是等价的。

C 语言规定,当指针 p 指向一个数组 a 后,表达式"p+i"的作用与"a+i"相同,都表示数组元素 a[i]的地址,即 &a[i]。

2. 一维数组元素的引用

C 语言中,对于一维数组元素的引用有两种方法:下标法和指针法。

(1)下标法:用 a[i]或 p[i] 表示数组第 i+1 个元素。

(2)指针法:用 * (a+i) 或 * (p+i) 表示数组元素 a[i],即数组第 i+1 个元素。

指向一维数组 a 的指针 p 与一维数组 a 的关系,见表 6-1。

表 6-1 指针 p 与一维数组 a 的关系

描述	意义	描述	意义
a、&a[0]、p	a 的首地址	* a、a[0]、* p	数组元素 a[0]的值
a+1、&a[1]、p+1	a[1]地址	* (a+1)、a[1]、* (p+1)、p[1]	数组元素 a[1]的值
a+i、&a[i]、p+i	a[i]地址	* (a+i)、a[i]、* (p+i)、p[i]	数组元素 a[i]的值

【例 6-7】 输出数组中的全部元素。

```c
#include <stdio.h>
int main( )
{
    int a[10],i,* p;
    p=a;
    for(i=0;i<10;i++)
        a[i]=2 * i+1;
    for(i=0;i<10;i++)
        printf("%d  ",a[i]);          //通过下标法输出数组元素的值
    printf("\n");
    for(i=0;i<10;i++)
        printf("%d  ",p[i]);          //p[i]等价于 a[i]
    printf("\n");
    for(i=0;i<10;i++)
        printf("%d  ",*(a+i));        //通过指针法输出数组元素的值
    printf("\n");
    for(i=0;i<10;i++)
        printf("%d  ",*(p+i));
    printf("\n");
```

```
        return 0;
    }
```
程序运行结果：

```
1  3  5  7  9  11  13  15  17  19
1  3  5  7  9  11  13  15  17  19
1  3  5  7  9  11  13  15  17  19
1  3  5  7  9  11  13  15  17  19
Press any key to continue
```

3. 指针的运算

指针作为一种数据类型在程序中也经常需要参与运算，除了前面提到的取址和取值运算以外，还包括指针与整数的加减、自增自减、同类指针相减运算等。

(1) 指针与整数的加减运算

当指针指向数组元素后，加上或减去一个整数 n，表示把指针指的当前位置（指向某数组元素）向后或向前移动 n 个元素的位置。

例如：

```
int i=0,a[5]={0},* p;
float b[3]={0},* q;
p=a;
q=&b[2];
```

上面四条语句中，使指针 p 指向 int 型数组 a 的第 1 个元素 a[0]，指针 q 指向 float 型数组 b 的第 3 个元素 b[2]。现执行下面语句：

```
p=p+3;
q=q-2;
```

执行后，使指针 p 按照 int 型数据所占的字节数（根据 VC++6.0 编译环境 int 型数据占 4 个字节）进行加法运算，指针 p 向右移动了 3 个数组元素，从而指向了数组 a 中的第 4 个元素 a[3]。同理，指针 q 向前移动 2 个数组元素，指向了 float 型数组 b 的第 1 个元素 b[0]。

(2) 指针的增量运算

指向数组元素的指针变量的值可以改变。如 p++ 是合法的，使得 p 指向下一个数组元素。而 a++ 是非法的，因为 a 是数组的首地址，是一个常量。

例如：

```
int a[5]={0},* p;
float b[5]={0},* q;
p=&a[0];
q=&b[4];
```

上面四条语句中，使指针 p 指向了 int 型数组 a 的第 1 个元素，指针 q 指向了 float 型数组 b 的第 5 个元素。此时可以通过对指针进行自增运算来改变指针的指向。执行以下语句：

```
p++;  //或者 ++p;
```

使指针 p 在原值的基础上加上 4（根据 VC++6.0 编译环境 int 型数据占 4 个字节），从而指向数组的下一个元素 a[1]。执行以下语句：

```
q++;  //或者 ++q;
```

使指针 q 在原值的基础上加上 4(根据 VC++6.0 编译环境 float 型数据占 4 个字节),从而指向数组的前一个元素 b[3]。

(3)指针与指针的减法运算

当两个指针指向同一片连续的存储单元时,指针的减法运算的结果是一个整数,其值为这两个指针变量中的地址之差除以数据类型的长度。

例如:

```
int a[5]={0},* p,* q;
p=&a[1];
q=&a[4];
printf("% d",q-p);
```

上面四条语句,使指针 p 指向 int 型数组 a 的第 2 个元素 a[1],指针 q 指向数组 a 的第 5 个元素 a[4]。此时 p 和 q 同为 int 型的指针变量,且指向了同一个 int 型数组 a。因此,表达式"q-p"的含义就是计算这两个指针之间 int 型数据的个数,输出结果为 3。

● 知识小贴士 ● ● ● ● ● ● ● ● ● ● ● ● ● ● ● ● ● ● ●

两个指针之间不能进行加法运算,因为两个地址量相加是毫无意义的。

(4)指针与指针的关系运算

当两个指针指向同一片连续的存储单元时,两个指针可以进行关系运算,即表示它们之间的位置关系。

例如:

```
int a[10],* p,* q;
p==q;      //表示判断 p 和 q 是否指向同一数组元素
p>q;       //表示判断 p 所指元素是否在 q 所指元素的后面
p<q;       //表示判断 p 所指元素是否在 q 所指元素的前面
```

【例 6-8】 将数组 a 中 n 个整数按相反顺序存放。

分析 将数组 a 中的元素按逆序存放的基本思想是将 a[0]与 a[n-1]对换,再将 a[1]与 a[n-2]对换……直到 a[int(n-1)/2]与 a[n-int((n-1)/2)-1]对换,即可结束。设 n 的值为 10,其示意图如图 6-4 所示。

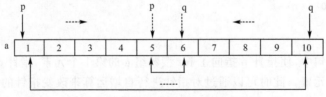

图 6-4　逆序存放数组元素操作示意图

```
#include <stdio.h>
int main()
{
    int a[10],i,t,* p,* q;
    printf("请输入 10 个整数:");
```

```
    for(i=0;i<10;i++)
        scanf("%d",&a[i]);
    p=a;                    //p指向数组中的第一个元素
    q=a+9;                  //q指向数组中的最后一个元素
    while(p<q)              //逆序存放数组中的元素
    {
        t=*p;
        *p=*q;
        *q=t;
        p++;
        q--;
    }
    printf("逆序输出数为：");
    for(i=0;i<10;i++)
        printf("%d",a[i]);
            printf("\n");
    return 0;
}
```

程序输入及程序运行结果：

请输入 10 个整数：1 2 3 4 5 6 7 8 9 10↙

```
请输入10个整数:1 2 3 4 5 6 7 8 9 10
逆序输出数为: 10 9 8 7 6 5 4 3 2 1
Press any key to continue
```

6.2.2　指针与二维数组

1.二维数组元素及地址

定义一个二维数组：int a[3][4];表示二维数组有 3 行 4 列共 12 个元素，在内存中按行存放。在 C 语言中二维数组由若干一维数组构成，而这个一维数组的每一个元素又是一个一维数组。因此，数组 a 可以理解为由 3 个元素组成，即 a[0]、a[1]、a[2]，而每个元素是一个一维数组，且都包含了 4 个元素。数组名 a 是数组 a[0]、a[1]、a[2]的首地址，如图 6-5 所示。

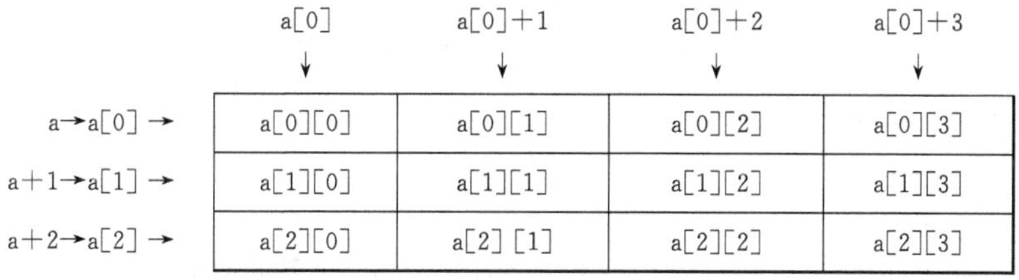

	a[0]	a[0]+1	a[0]+2	a[0]+3
	↓	↓	↓	↓
a→a[0]→	a[0][0]	a[0][1]	a[0][2]	a[0][3]
a+1→a[1]→	a[1][0]	a[1][1]	a[1][2]	a[1][3]
a+2→a[2]→	a[2][0]	a[2][1]	a[2][2]	a[2][3]

图 6-5　二维数组示意图

若数组 a 的首地址为 0x2000，则在内存中的实际存储方式示意图如图 6-6 所示。二维数组的首地址为 0x2000，由于每行有 4 个整型元素，所以 a+1 值为 0x2008，a+2 值为 xx2x1x，a[0]+1 的值为 0x2002。

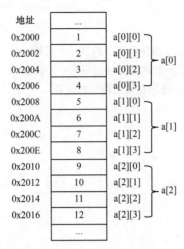

地址	...	
0x2000	1	a[0][0]
0x2002	2	a[0][1]
0x2004	3	a[0][2]
0x2006	4	a[0][3]
0x2008	5	a[1][0]
0x200A	6	a[1][1]
0x200C	7	a[1][2]
0x200E	8	a[1][3]
0x2010	9	a[2][0]
0x2012	10	a[2][1]
0x2014	11	a[2][2]
0x2016	12	a[2][3]
	...	

图 6-6 二维数组在内存中的存储方式示意图

2. 二维数组的引用

（1）通过行指针引用二维数组的元素

行指针是一种特殊的指针，它专门用于指向一维数组，定义行指针的一般形式如下：

类型说明符（＊指针名）［常量表达式］；

其中，类型说明符代表行指针所指一维数组的元素类型，指针名与前面的指针说明 ＊ 必须用括号括起来，常量表达式是指针所指向的一维数组的长度。

例如：

int a[3][4];

int(＊p)[4]＝&a[0]；//也可以写成 int(＊p)[4]＝a；

上面语句中定义了一个指向一维数组的指针 p，指向包含 4 个 int 型元素的一维数组 a[0]。此时 p+1 指向下一个一维数组 a[1]，因此，＊(p+1)+2 是二维数组 a 第 1 行第 2 列元素的地址，＊(＊(p+1)+2)就是二维数组元素 a[1][2] 的值。因此，以下几种方式均表示二维数组元素 a[i][j]。

①＊(＊(a+i)+j)；

②＊(＊(p+i)+j)；

③p[i][j]；

（2）通过列指针引用二维数组的元素

当指针 p 指向二维数组的首元素后，p+1 将指向数组的第 2 个元素，p+2 将指向二维数组 a 的第 3 个元素，以此类推。

例如：

int a[3][4];

int ＊p＝&a[0][0]； //定义了一个 int 型指针 p，指向二维数组 a 的首元素

【例 6-9】 用指针法输入/输出二维数组中的各个元素。

```
# include <stdio.h>
int main( )
{
```

```
    int i,j,a[3][4], * ptr;
    ptr=a[0];
    for(i=0;i<3;i++)
        for(j=0;j<4;j++)
            scanf(" % d",ptr++);   //指针的表示方法
            ptr=a[0];
        for(i=0;i<3;i++)
        {
            for(j=0;j<4;j++)
                printf(" % d\t", * ptr++);
            printf("\n");
        }
    return 0;
}
```

程序输入及程序运行结果：

1 2 3 4 5 6 7 8 9 10 11 12↙

6.2.3　指针与字符数组

字符数组在 C 语言中可以用字符串常量初始化,也可以整串地输入/输出。由于指针与数组的等价性,字符指针也有如下特点：

1. 字符数组与字符指针

可以用字符串常量来给字符型指针进行初始化。

例如：

char * str1="How are you!";

此时字符指针指向的是一个字符串常量的首地址,即指向字符串的首地址。但要注意字符指针与字符数组的区别。

例如：

char * str2[ ]="How are you!";

此时,str2 是字符数组,它存放的是一个字符串。

● 知识小贴士

字符指针 str1 与字符数组 str2 的区别是：str1 是一个变量,可以改变 str1 的值,即 str1 可以指向不同内存单元的地址。

2. 指向字符数组的指针

定义一个字符指针指向字符数组后,就可以利用指针来处理该字符数组中存储的字符串。使用指针处理字符串,不仅书写方便,而且程序的运行效率更高。

用指针处理字符串的方法是:首先定义一个字符指针,然后将字符数组的首地址赋值给该指针。

例如:

char str[]="How are you!";

char * p=str;

其中,str 是一个含有 18 个字符的字符数组(最后一个字符是'\0'),p 是一个指向字符数组的指针,并指向了字符数组 str。此时就可以利用指针对该字符串进行处理了。

【例 6-10】 在输入的字符串中查找是否存在字符 k。

```c
# include <stdio.h>
int main( )
{
    char st[20], * p;
    int i=0;
    printf("请输入字符串:");
    p=st;
    scanf("%s",p);
    while( * (p+i)! ='\0')
    {
        if( * (p+i)=='k')
        {
            printf("该字符串里面 有 字符 k\n");
            break;
        }
        i++;
    }
    if( * (p+i)=='\0')
        printf("该字符串里面 无 字符 k\n");
    return 0;
}
```

程序输入及程序运行结果:

请输入字符串:abcdef↙

```
请输入字符串:abcdef
该字符串里面 无 字符k
Press any key to continue
```

6.3　指针与函数

　　指针作为函数参数就是在函数间传递变量的地址。应注意:在函数间传递变量地址时,函数间传递的不再是变量中的数据,而是变量的地址。此时变量的地址在调用函数时作为实参,被调用函数使用指针变量作为形参接收传递的地址,实参的数据类型要与形参的指针所指对象的数据类型一致。

6.3.1　函数型指针的定义

　　在 C 语言程序中,定义了函数之后,系统为该函数分配一段连续的存储空间。其中函数的起始地址称为该函数的入口地址,将此地址赋给另外一个变量,则该变量为一个指向函数的指针。指向函数的指针变量定义的一般形式如下:

　　类型说明符（＊标识符)（);

　　其中,类型说明符为被指针所指函数的返回值的类型;标识符为一个指针名(不是函数名),该指针只能指向函数;括号中为空,但括号必须有,表示该指针是专指函数的。

　　例如:

　　int（＊p)（);

6.3.2　函数型指针的赋值

　　用函数名为指针初始化,表示指针指向该函数。

　　例如:

```
int（＊p1)();          //定义函数型指针
int f();              //声明函数 f
p1＝f                 //让指针 p1 指向函数 f()
```

关于函数型指针的赋值说明:

　　(1)当函数型指针指向了某一函数后,此函数的调用可以用函数名,也可以用指针;

　　(2)函数型指针定义之后,不是固定指向某一个函数,而是先后指向不同的函数;

　　(3)用函数型名为指针赋值时,不必用参数;

　　(4)用函数指针调用函数时,用（＊p)代替原函数名;

　　(5)对指向函数的指针变量,像 p＋n,p＋＋,p－－等运算是没有意义的。

【例 6-12】　随机从键盘上输入两个整数,用指向函数的指针求较大者。

```
#include<stdio.h>
main( )
{
    int max(int x, int y);
    int（＊p)();
    int a,b,c;
    p＝max;        //让指针 p 指向函数 max
    printf("请输入两个整数:");
```

```
        scanf("%d,%d",&a,&b);
        c=(*p)(a,b);
        printf("a=%d,b=%d,max=%d\n",a,b,c);
    }
    int max(int x,int y)
    {
        int z;
        if(x>y)
            z=x;
        else
            z=y;
        return (z);
    }
```

程序输入及程序运行结果：

请输入两个整数:5,10↙

```
请输入两个整数：5,10
a=5,b=10,max=10
Press any key to continue
```

6.3.3 指针型函数的定义与使用

调用函数,通常得到一个返回值带回主调函数。如果返回值为一个指针,则该函数就是指针型函数。

指针型函数定义的一般形式如下：

类型说明符　*标识符(形参列表);

其中,类型说明符为指针所指变量的类型;标识符为函数名,不是指针名;参数为函数的形参。

例如：

int * a (int x,int y);

其中 a 是函数名,调用它以后能得到一个指向整型数据的指针。x、y 是函数 a 的形参,为整型。因此,指针型函数也就是返回指针值的函数。

【例 6-13】 利用指针型函数,求一个二维数组中的最大值,并返回它的地址。

```
#include<stdio.h>
#define M 3
#define N 4
int * max(int a[][N],int m)
{
    int *p,i,j;
    p=a[0];
    for(i=0;i<m;i++)
        for(j=0;j<N;j++)
            if(*p<*(*(a+i)+j))
```

```
                p= * (a+i)+j;
            return (p);
}
main( )
{
    int a[M][N],i,j, * p;
    printf("请输入二维数组值:");
    for(i=0;i<M;i++)
        for(j=0;j<N;j++)
            scanf(" % d",&a[i][j]);
    p=max(a,M);
    for(i=0;i<M;i++)
    {
        for(j=0;j<N;j++)
            printf(" % d\t",a[i][j]);
        printf("\n");
    }
    printf("最大值为: % d\t", * p);
}
```

程序输入及程序运行结果：

请输入二维数组值：1 2 3 4 5 6 7 8 9 10 11 12↙

6.4 指针数组

由若干个指针变量组成的数组,称为指针数组。指针数组也是数组的一种,所有有关数组的概念都适用它。但指针数组与普通数组又有区别,指针数组的数组元素是指针类型的,只能用来存放地址值。

6.4.1 指针数组的定义

指针数组定义的一般形式如下：

类型说明符 * 数组名[数组长度];

其中,类型说明符标识了指针所指向的变量的数据类型,* 说明该数组中的数组元素是指针类型。

例如：

int * p[4];

上一条语句定义了一个指针数组 p,该数组中有 4 个元素,每个元素都是一个指针,指向 int 型数据。指针数组比较适合用来指向若干个字符串,使字符串处理更加方便灵活。

知识小贴士

　　指针数组语句:int ＊ p[4];符号[]的优先级比符号 ＊ 高,因此变量名 p 先与[]结合,表示这是一个长度为 4 的数组;再与 ＊ 和 int 结合,表示该数组的元素的数据类型是 int ＊型,每个数组元素都可指向一个整型变量。

6.4.2　指针数组的初始化

指针数组是由若干个指针变量组成的数组,因此必须用地址值为指针数组初始化。

例如:

int a[3][3]＝{1,2,3,4,5,6,7,8,9};

int ＊ pa[3]＝{a[0],a[1],a[2]};

指针数组 pa[3]相当于有三个指针,分别为 pa[0]、pa[1]、pa[2],初始化的结果为:a[0]、a[1]、a[2]。由于数组 a 是一个二维数组,因此,a[0]、a[1]、a[2]为该二维数组的每一行的首地址。

因此,通过指针数组可以引用二维数组中的元素:

pa[0]＋j＝a[i]＋j＝&a[i][j];

＊(pa[i]＋j)＝＊(a[i]＋j)＝a[i][j];

【例 6-13】　对字符串从小到大进行排序。

分析　用字符指针数组表示一组字符串,即每个数组元素分别指向一个字符串,然后进行字符串的比较。

```
# include<string.h>
# include <stdio.h>
int main( )
{
    char ＊ s[4]＝{"hello","Circle","Square","Rectangle"};
    char ＊ temp;
    int i,j,k;
    for(i＝0;i<4;i＋＋)                        //按原始顺序输出 4 个字符串
        printf(" ％ d:％ s\n",i＋1,s[i]);
    for(i＝0;i<3;i＋＋)
    {
        k＝i;
        for(j＝i+1;j<4;j＋＋)
            if(strcmp(s[k],s[j])>0)
```

```
                k=j;
            if(k! =i)
            {
                temp=s[i]; s[i]=s[k]; s[k]=temp;    //交换指针指向的字符串
            }
        }
    for(i=0;i<4;i++)                               //输出排序后的 4 个字符串
        printf(" %d: %s\n",i+1,s[i]);
    return 0;
}
```

程序运行结果：

```
1:hello
2:Circle
3:Square
4:Rectangle
1:Circle
2:Rectangle
3:Square
4:hello
Press any key to continue
```

6.5 多级指针

如果一个指针变量存放的是另一个指针变量的地址，则称这个指针变量为指向指针的指针变量，即多级指针（指向指针的指针），多级指针定义的一般形式如下：

类型说明符 ＊＊指针名；

其中，类型说明符是指针名所指向的指针所指向的变量的数据类型，指针名前有两个"＊＊"。

例如：

int x=4;

int ＊p;

int ＊＊q;

p=&x;   //指针变量 p 指向整型变量 x

q=&p;   //二级指针 q 指向指针变量 p

上面语句定义了一个指向指针 p 的指针 q。将 int 型变量 x 的地址 &x 赋值给指针 p，则 p 是指针变量，指向了变量 x；然后将 p 的地址 &p 赋值给指针 q，则 q 指向 p，从而间接地指向了变量 x。这里的 q 就是指向指针的指针。此时，可以通过二级指针 q 来访问变量 x，如果要使变量 x 的值为 10，可以使用如下几种方式：

x=10;

＊p=10;

＊＊q=10;

以上三种方式都是等价的。变量 x、指针变量 p 和二级指针变量 q 三者之间的关系如图 6-7 所示。

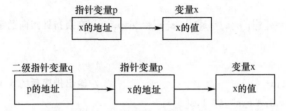

图 6-7 变量 x、指针变量 p 和二级指针变量 q 之间的关系

知识小贴士

指向指针的指针是间接地指向目标变量,因此,将直接指向目标变量的指针称为一级指针,将指向指针的指针称为二级指针,将指向二级指针的指针称为三级指针,依次类推。

【例 6-14】 通过指向指针的指针输出数组元素。

```c
#include<stdio.h>
int main()
{
    int a[5][3]={{1,2,3},{4,5,6},{7,8,9},{10,11,12},{13,14,15}};
    int * num[5]={a[0],a[1],a[2],a[3],a[4]};
    int * * p,i,j;
    p=num;
    for(i=0;i<5;i++)
    {
        for(j=0;j<3;j++)
            printf("%d\t",*(*p+j));
        printf("\n");
        p++;
    }
    return 0;
}
```

程序运行结果:

```
1        2        3
4        5        6
7        8        9
10       11       12
13       14       15
Press any key to continue
```

6.6　综合实例

【例 6-15】 输入一行句子,统计单词的个数(单词与单词之间由空格间隔,包含单词间有多个空格情况)。

分析　从头开始检查字符数组的每个字符,如果是空格则将指针移到下一个字符,并略过这个空格,继续上面的步骤;如果不是空格,则检索下一个空格位置(当前位置与下一个空格之间是一个单词),将指针移到下一个空格处,同时单词数加 1,继续检查后面的字符。

```c
#include<stdio.h>
int main()
{
    char str[100], * p;
    int i,nCount=0;
    p=str;
    printf("请输入一行句子:");
    gets(str);
    while( * p! ='\0')
    {
        if( * p== ' ')
        {
            p++;
            continue;
        }
        else
        {
            nCount++;
            i=0;
            while( * (p+i)! =' '&& * (p+i)! ='\0')
                i++;
            p+=i;
        }
    }
    printf("该句子有单词数:%d\n",nCount);
}
```

程序输入及程序运行结果如下:

请输入一行句子:how are you↙

```
请输入一行句子: how are you
该句子有单词数: 3
Press any key to continue
```

【例 6-16】 已知字符串 str，从中截取一子串，要求该子串是从 str 的第 m 个字符开始，由 n 个字符组成。

分析 定义字符数组 c 存放子串，字符指针变量 p 用于复制子串，利用循环语句从字符串 str 截取 n 个字符。但要考虑到以下几种特殊情况：

(1)m 位置后的字符数有可能不足 n 个，所以在循环读取字符时，若读到'\0'，则停止截取，然后利用 break 语句跳出循环；

(2)若输入的截取位置 m 大于字符串的长度，则子串为空；

(3)要求输入的截取位置和字符个数均大于 0，否则子串为空。

```c
#include<stdio.h>
#include<string.h>
int main( )
{
    char c[80], * p, * str="I am student";
    int  i, m, n;
    printf("请输入截取起止数:");
    scanf("%d,%d",&m,&n);
    if (m>strlen(str) || n<=0 || m<=0)
        printf("NULL\n");
    else
    {
        for (p=str+m-1,i=0; i<n; i++)
            if( * p)
                c[i]= * p++;
            else
                break;              //如读取到'\0'则停止循环
        c[i]='\0';                  //在 c 数组中加上子串结束标志
        printf("%s\n",c);
    }
    return 0;
}
```

程序输入及程序运行结果：

请输入截取起止数:6,7↙

```
请输入截取起止数:6,7
student
Press any key to continue_
```

6.9 本章小结

C 语言程序设计中指针是一种特殊的数据类型,定义的指针类型的变量称为指针变量。指针变量就是存储变量地址的变量,通过该地址所指向的变量,实现指针对变量的间接访问。学习和掌握指针的用法是 C 语言的难点,弄清楚地址、指针和指针变量三者的关系是学好指针的前提。在不会产生混淆的情况下,通常将指针变量简称为指针,对两者不加区分。

关于指针的数据类型,总结见表 6-2。

表 6-2 指针的数据类型

命令	功能
int i	定义整型变量
int * p	p 为指向整型数据的指针变量
int a[n]	定义整型数组 a,它有 n 个元素
int * p[n]	定义指针数组 p,它由 n 个指向整型数据的指针元素组成
int (* p)[n]	p 为指向含 n 个元素的一维数组的指针变量
int f( )	f 为返回整型函数值的函数
int * p( )	p 为返回一个指针的函数,该指针指向整型数据
int (* p)( )	p 为指向函数的指针,该函数返回一个整型值
int * * p	p 为一个指针变量,它指向一个指向整型数据的指针变量

关于指针的运算,总结如下:

(1)指针变量加(减)一个整数。

例如:

p++,p--,p+i,p-i,p+=i,p-=i;　/* 加减的基本单位按指针声明时的类型名对应的内存单元数来定 */

(2)指针变量赋值:将一个变量的地址赋给一个指针变量。

p=&a;　　　//将变量 a 的地址赋给 p

p=array;　　//将数组 array 的首地址赋给 p

p=&array[i];　//将数组 array 第 i 个元素的地址赋给 p

p=func;　　　//func 为已定义的函数,将 func 的入口地址赋给 p

p1=p2;　　　//p1 和 p2 都是指针变量,将 p2 的值赋给 p1

(3)指针变量可以赋空值 NULL,即该指针变量不指向任何变量,例如:

p=NULL;

(4)指向同一个数组的两个指针变量可以相减,两个指针变量值之差是两个指针之间的元素个数。

(5)指向同一个数组的两个指针变量可以进行比较(关系运算),指向前面的元素的指针变量"小于"指向后面的元素的指针变量。

一、选择题

1. 指针的含义是( )。

A. 值   B. 地址   C. 名   D. 一个标志

2. 下列选项中( )是取内容运算符。

A. *   B. &   C. #   D. $

3. 下列关于指针说法的选项中,正确的是( )。

A. 指针是用来存储变量值的类型

B. 指针类型只有一种

C. 指针变量可以与整数进行相加或相减

D. 指针不可以指向函数

4. 若已定义 a 为 int 型变量,则以下语句正确的是( )。

A. int * p=a;   B. int * p= * a;

C. int p= &a;   D. int * p= &a;

5. 若有定义"int a[]={1,3,5,7,9,11}, * p=a;",则能够正确引用该数组元素的是
( )。

A. a   B. a[6]   C. * (p——)   D. * (——p)

6. 若有定义"int a[5]={10,20,30,40,50}, * p;p= &a[1];",则执行语句" * p+
+;"后 * p 的值是( )。

A. 20   B. 30   C. 21   D. 31

7. 下列程序运行后的输出结果是( )。

```
# include<stdio.h>
void main()
{
    int * *k, *a,b=100;
    a=&b;
    k=&a;
    printf("%d\n", * *k);
}
```

A. 运行出错   B. 100   C. a 的地址   D. b 的地址

8. 下列程序运行后的输出结果是( )。

```
# include<stdio.h>
void main()
{
    int m=0,n=1, * p=&m, * q=&n, * r;
    r=p;
    p=q;
    q=r;
```

```
    printf("%d,%d,%d,%d\n",m,n,*p,*q);
}
```

A. 0,1,1,0   B. 0,1,0,1

C. 1,0,1,0   D. 1,0,0,1

9. 下列程序运行后的输出结果是( )。

```
#include<stdio.h>
void prtv(int *x)
{
    printf("%d\n",++*x);
}
main()
{
    int a=25;
    prtv(&a);
}
```

A. 23   B. 24   C. 25   D. 26

10. 下列程序运行后的输出结果是( )。

```
#include<stdio.h>
void main()
{
    int a=2,b=3,c=4;
    int *p1=&a,*p2=&b,*p=&c;
    *p=*p1*(*p2);
    printf("%d\n",c);
}
```

A. 2   B. 6   C. 8   D. 12

11. 下列程序运行后的输出结果是( )。

```
#include<stdio.h>
void main()
{
    char a[]="language",b[]="programe";
    char *p,*q;
    int k;
    p=a;q=b;
    for(k=0;k<8;k++)
        if(*(p+k)==*(q+k))
            printf("%c",*(p+k));
    printf("\n");
}
```

A. gae   B. ga   C. language   D. programe

12.下列程序运行后的输出结果是(　　)。

```c
#include<stdio.h>
void main()
{
    int a,k=4,m=6, * p1=&k, * p2=&m;
    a=p1==&m;
    printf(" % d\n",a);
}
```

A. 4　　　　　　　　B. 1　　　　　　　　C. 0　　　　　　　　D. 运行时出错,无定值

13.下列程序运行后的输出结果是(　　)。

```c
#include<stdio.h>
void f(int * q)
{
    int i=0;
    for(;i<5; i++)
        ( * q)++;
}
void main()
{
    int a[5]={1, 2, 3, 4, 5},i;
    f(a);
    for(i=0; i<5; i++)
        printf(" % d,", a[i]);
}
```

A. 2,2,3,4,5,　　　B. 6,2,3,4,5,　　　C. 1,2,3,4,5,　　　D. 2,3,4,5,6,

14.下列程序运行后的输出结果是(　　)。

```c
#include<stdio.h>
int main()
{
    char a[]="12345", * p;
    int s=0;
    for(p=a; * p! ='\0';p++)
        s=10 * s+ * p-'0';
    printf(" % d\n",s);
    return 0;
}
```

A. 12345　　　　　　B. 23456　　　　　　C. 34567　　　　　　D. 1234

15.下列程序运行后的输出结果是(　　)。

```c
#include<stdio.h>
int main()
{
```

```
    int i, * p=&i;
    i=10;
     * p=i+5;
    i=2 * i;
    printf(" % d\n", * p);
}
```

A. 10   B. 15   C. 20   D. 30

二、阅读分析程序

1.程序代码：

```
# include<stdio. h>
void main()
{
    int a[10]={1,2,3,4,5,6,7,8,9,10}, * p;
    p=a;
    printf(" % d\n",p[3]);
}
```

程序运行结果：＿＿＿＿＿＿＿＿＿＿＿＿

2.程序代码：

```
# include<stdio. h>
void main()
{
    int x[]={0,1,2,3,4,5,6,7,8,9};
    int s,i, * p;
    s=0;
    p=&x[0];
    for(i=1;i<10;i+=2)
        s+= * (p+i);
    printf("sum= % d\n",s);
}
```

程序运行结果：＿＿＿＿＿＿＿＿＿＿＿＿

3.程序代码：

```
# include<stdio. h>
void swap(int * p1,int * p2)
{
    int * p;
    p=p1;
    p1=p2;
    p2=p;
}
void main()
{
```

```
    int a,b;
    scanf("%d,%d",&a,&b);
    swap(&a,&b);
    printf("a=%d,b=%d\n",a,b);
}
```

输入:3,5↙

程序运行结果:_____

4.程序代码:

```
#include<stdio.h>
void main( )
{
    int a[10] = {2,4,6,8,10,12,14,16,18,20};
    int * p=a;
    printf("%d \n", * p++);   //注意:++在右,优先级低
    printf("%d \n", * p);
    p=a;
    printf("%d \n", * ++p);
    p=a;
    printf("%d \n", ++ * p);
    printf("%d \n", * p);
}
```

程序运行结果:_____

5.程序代码:

```
#include<stdio.h>
void main( )
{
    int a,b,k=4,m=6, * p1=&k, * p2=&m;
    a=p1==&m;
    b=( * p1)/( * p2)+7;
    printf("a=%d\n", a);
    printf("b=%d\n", b);
}
```

程序运行结果:_____

6.程序代码:

```
#include<stdio.h>
void f(int * q)
{
    int i=0;
    for(;i<5; i++)
        ( * q)++;
}
```

```
void main()
{
    int a[5]={1, 2, 3, 4, 5},i;
    f(a);
    for(i=0; i<5; i++)
        printf("%d  ", a[i]);
}
```

程序运行结果:＿＿＿＿＿＿＿＿＿＿

7.程序代码:

```
#include<stdio.h>
void main( )
{
    int a[2][3]={1,2,3,4,5,6};
    int m, * ptr;
    ptr=&a[0][0];
    m=( * ptr) * ( * (ptr+2)) * ( * (ptr+4));
    printf("%d\n",m);
}
```

程序运行结果:＿＿＿＿＿＿＿＿＿＿

8.程序代码:

```
#include<stdio.h>
void main()
{
    int x[5]={2,4,6,8,10}, * p, * * p;
    p=x;
    pp=&p;
    printf("%d", * (p++));
    printf("%d", * * pp);
}
```

程序运行结果:＿＿＿＿＿＿＿＿＿＿

9.程序代码:

```
#include<stdio.h>
void main()
{
    int * * k, * a,b=100;
    a=&b;
    k=&a;
    printf("%d\n", * * k);
}
```

程序运行结果:＿＿＿＿＿＿＿＿＿＿

10.程序代码：

```
#include<stdio.h>
main()
{
    int * *k,*a,b=100;
    a=&b;
    k=&a;
    printf("%d\n",**k);
}
```

程序运行结果：_____

三、程序设计题

1.输入三个整数 a、b、c,利用指针方法找出其中最大值。

2.编写程序,用指针变量实现输入 10 个整数存入一维数组,再逆序重新存放后输出。

3.编写程序,从键盘输入一个字符串,存入一个数组中,求输入的字符串的长度。

4.编写程序,将一个字符串中的内容按逆序输出,但不改变字符串中的内容。

5.编写程序,找出二维数组中的最大元素并输出。

6.编写程序,输入 10 个整数,将其中最小的数与第一个数对换,将最大的一个数与最后一个数对换。

7.编写程序,在一个字符串的各个字符之间插入"*"成为一个新的字符串,如"abc",执行程序后则输出"a*b*c"。

第7章

结构体与其他数据类型

到目前为止,我们学习了 C 语言的整型、实型、字符型等基本数据类型以及构造型(数组)和指针型,这些数据类型都是分散的、相互独立的,但在实际生活中,经常需要处理一些相关联的数据,如图 7-1 所示。这些数据的类型可能各不相同,为方便处理这些数据,C 语言提供了另外一种数据类型——结构体类型。

学号 (整型)	姓名 (字符串)	性别 (字符串)	二级院系 (字符串)	专业 (字符串)	电话号码 (长整型)

图 7-1 关联数据表字段构成

本章将围绕结构体与其他数据类型的应用等进行详细讲解。

7.1 结构体类型和结构体变量

1. 结构体类型定义

在 C 语言中,结构体是一种构造数据类型,把不同的数据关联整合到一起,每一个数据都称为该结构体类型的成员。在程序设计中,使用结构体类型时,首先要对结构体类型的组成进行描述,结构体类型定义的一般形式如下:

```
struct 结构体标识名
{
    数据类型 1 成员名 1;
    数据类型 2 成员名 2;
    …
    数据类型 n 成员名 n;
};
```

其中,struct 是 C 语言中的关键字(即定义结构体类型),指明后面出现的标识符是一个用户定义的结构体类型的名字。结构体标识名是合法的用户定义的 C 语言标识符,花括号是结构体类型的定界符,花括号中给出该结构体包含的数据项,称为结构体成员。每

个成员都要有自己的数据类型，可以是 C 语言允许的任何数据类型。花括号后的分号
";"是结构体类型定义的结束符。

【例 7-1】 定义一个反映学生基本信息的结构体类型。

```
struct student
{
    int num[10];          //存放学号
    char name[10];        //存放姓名
    char sex;             //存放性别
    int age;              //存放年龄
    char add[30];         //存放地址
};
```

在上述【例 7-1】结构体定义中，结构体类型 student 由五个成员组成，分别是 num、
name、sex、age 和 add。该类型一旦定义即被封装在一起形成一个整体。

结构体类型中的成员也可以是一个结构体变量。例如，在学生信息中增加一项出生
日期的信息，程序代码如下：

```
struct date
{
    int year;
    int month;
    int day;
};
struct student
{
    int num[10];
    char name[10];
    char sex;
    struct date birthday; //嵌套定义结构体变量 birthday,包含 year、month、day 三个成员
};
```

在上述程序代码中，首先定义了结构体类型 date，该结构体由 year、month、day 三个
成员组成；然后在定义结构体变量 student 类型时，将成员 birthday 指定为 struct date 类
型。struct student 类型的结构如图 7-2 所示。

| num | name | sex | birthday | | |
| | | | year | month | day |

图 7-2　struct student 类型的结构

知识小贴士

（1）"结构体标识名"是用户定义的结构体的名字，命名规则遵循自定义标识符
规则，在以后定义结构体变量时，使用该名字进行类型标识；

（2）"成员列表"是对结构体数据中每一个数据项成员变量的说明，其格式与定
义一个变量的一般格式相同；

（3）struct 是关键字，"struct 结构体标识名"是结构体类型标识符，在类型定义和类型使用中 struct 不能省略；

（4）结构体标识名可以省略，此时定义的结构体为无名结构体；

（5）整个结构体类型的定义作为一个完整的语句用分号结束；

（6）结构体成员允许和程序中的其他变量（包括本身结构体标识名）同名。

2.结构体变量的定义

结构体变量的定义有两种方式：

（1）间接定义法

间接定义法是先定义数据类型，再定义结构体变量，一般形式如下：

struct 结构体标识名 结构体变量名；

例如：

```
struct student
{
    int num;
    char name[20];
    char sex;
    int age;
    float score;
};
struct student student1,student2;
```

在上述程序代码中，struct student 是结构体类型名，student1 和 student2 是结构体变量名。定义 student1 和 student2 为 struct student 类型的变量，即它们具有 struct student 类型的结构。一个结构体变量中的成员占用内存的连续存储空间，如图 7-3 所示。

student1:	20180101	Zhang san	F	18	90.5

student2:	20180102	Li si	M	19	95.5

图 7-3 struct student 类型的变量

（2）直接定义法

直接定义法是在定义结构体类型的同时定义结构体变量，定义的一般形式如下：

struct［结构体标识名］

```
{
    数据类型 1 成员名 1;
    数据类型 2 成员名 2;
    …
```

```
        数据类型 n 成员名 n;
}变量列表;
  例如:
struct student
{
    int num;
    char name[20];
    char sex;
    int age;
    float score;
}student1,student2;
```

在上述程序代码中,在定义 struct student 类型的同时定义了该类型的变量 student1 和 student2。

3.结构体变量的引用

定义了结构体变量以后,我们就可以引用这个变量。引用方法类似于数组元素的引用,即一般不能直接引用结构体变量,赋值、输入、输出、运算等操作都是通过结构体变量的成员来实现的。

引用结构体变量中的成员的格式为:

结构体变量名.成员名

其中:"."是结构体专用的成员运算符,其优先级最高,结合性为自左向右。

例如:

student1.num;// 表示 student1 变量中的 num 成员,可以直接对其进行赋值等操作

引用结构体变量应注意以下几点:

(1)成员名可以与程序中的普通变量名相同,但二者不代表同一对象。

(2)不能将一个结构体变量作为一个整体输入、输出和赋值。

(3)如果成员本身又是一个结构体类型,则要用若干个成员运算符,一级一级的引用到最低一级的成员。

(4)结构体变量的成员可以像普通变量一样进行各种运算。

(5)可以引用结构体变量成员的地址,也可以引用结构体变量的地址。引用的一般形式如下:

& 结构体变量名.成员名

& 结构体变量名

4.结构体变量的初始化

由于结构体变量中存储的是一组类型不同的数据,因此,结构体变量初始化的过程其实就是结构体中各个成员初始化的过程。根据结构体变量定义方式的不同,结构体变量初始化方式有两种:

(1)在定义结构体类型和结构体变量的同时,对结构体变量初始化。

例如:

struct student

```
{
    int num;
    char name[20];
    char sex;
}stu={20180101,"Zhang san",'F'};
```

上述代码中,在定义结构体变量 stu 的同时,对其中的成员进行了初始化。

(2)定义好结构体类型后,对结构体变量初始化。

例如:
```
struct student
{
    int num;
    char name[20];
    char sex;
};
struct student stu={20180101,"Zhang san",'F'};
```

上述代码中,首先定义了一个结构体类型 student,然后在定义结构体变量时,为其中的成员进行初始化。

【例 7-2】 结构体变量的初始化举例,注意程序输出。
```
#include<stdio.h>
struct student
{
    int num;
    char name[10];
    char sex;
}stu={20180101,"Zhang san",'F'};
void main()
{
    printf("num=%d\n",stu.num);
    printf("name=%s\n",stu.name);
    printf("sex=%c\n",stu.sex);
}
```

程序运行结果:

```
num=20180101
name=Zhang san
sex=F
Press any key to continue
```

7.2　结构体数组

一个结构体变量只能存储一个学生的数据,如果要存储一个班所有学生的信息,就应该使用结构体数组存储。

1.结构体数组的定义

假设一个班有20个学生,如果我们需要描述这20个学生的信息,可以定义一个长度为20的student类型的数组,定义结构体数组的方式有:

(1)先定义结构体类型,后定义结构体数组。

例如:

```
struct student
{
    int num;
    char name[10];
    char sex;
};
struct student stus[20];
```

(2)在定义的结构体类型的同时定义结构体数组。

例如:

```
struct student
{
    int num;
    char name[10];
    char sex;
}stus[20];
```

(3)直接定义结构体数组。

例如:

```
struct
{
    int num;
    char name[10];
    char sex;
}stus[20];
```

2.结构体数组的初始化

结构体数组的初始化方式与数组类似,都是通过为元素赋值的方式完成的。由于结构体数组中的每个元素都是一个结构体变量,因此,在为每个元素赋值的时候,需要将其成员的值依次放到一对大括号中。

例如,定义一个结构体数组student,该数组有三个元素,其中每个元素有num、name、sex三个成员,可以采用两种方式对结构体数组student初始化。

(1)先定义结构体数组类型,然后初始化结构体数组。

例如:

```
struct student
{
    int num;
    char name[10];
```

```
        char sex;
};
struct student stus[3]={{20180101,"Zhang san",´F´},
                        {20180102,"Li si",´M´},
                        {20180103,"Wang wu",´M´}};
```

（2）在定义结构体数组的同时，对结构体数组初始化。

例如：

```
struct student
{
    int num;
    char name[10];
    char sex;
}stus[3]={{20180101,"Zhang san",´F´},
        {20180102,"Li si",´M´},
        {20180103,"Wang wu",´M´}};
```

知识小贴士

在对结构体数组初始化时，也可以不指定结构体数组的长度，系统在编译时，会自动根据初始化的值决定结构体数组的长度。

3. 结构体数组的引用

结构体数组的引用是指对结构体数组元素的引用。由于每个结构体数组元素都是一个结构体变量，因此，结构体数组元素的引用方式与结构体变量类似，其语法一般形式如下：

数组元素名称.成员名；

例如：

```
students[0].num;   //引用结构体数组 students 第一个元素的 num 成员
```

【例 7-3】　有五名学生，每名学生的信息包括学号、姓名和三门课程的成绩。从键盘输入五名学生的数据，要求显示每名学生三门课程的平均成绩。

分析　按题干要求定义结构体类型及该类型的数组，输入数组元素，并求解每个数组元素中成绩的平均值，最后按要求输出结果。

```
#include <stdio.h>
int main( )
{
    struct student
    {
        long num;
        char name[20];
```

```
            float score[3];
        };
        struct student s[5];
        int i,j;
        float sum,avg[5];
        for(i=0;i<5;i++)
        {
            scanf("%ld%s",&s[i].num,s[i].name);
            sum=0;
            for(j=0;j<3;j++)
            {
                scanf("%f",&s[i].score[j]);
                sum+=s[i].score[j];
            }
            avg[i]=sum/3;
        }
        for(i=0;i<5;i++)
            printf("%s:%.2f\n",s[i].name,avg[i]);
        return 0;
    }
```

程序输入及程序运行结果：

20180101 zhang san 78 90 94↙

20180102 li si 89 87 90↙

20180103 wang wu 90 97 86↙

20180104 zhao liu 88 90 91↙

20180105 liu qi 90 86 81↙

```
20180101 zhang san 78 90 94
20180102 li si 89 87 90
20180103 wang wu 90 97 86
20180104 zhao liu 88 90 91
20180105 liu qi 90 86 81
zhang san:87.33
li si:88.67
wang wu:91.00
zhao liu:89.67
liu qi:85.67
Press any key to continue_
```

7.3 结构体指针变量

同其他数据类型一样,C语言也支持结构体类型指针。当一个指针变量被定义为某种结构体类型的指针变量时,便可以存放该类型变量的地址。

7.3.1 指向结构体变量的指针

定义一个指针用来指向一个结构体变量时,该指针中的值就是它所指向的结构体变量的首地址,通常称为结构体类型指针。

1.结构体类型指针的定义

结构体类型指针定义的一般形式如下:

结构体类型名 * 结构体类型指针变量名;

例如:

struct student * s; //定义了一个指向结构体类型变量的指针 s

在定义结构体类型的同时也可以定义结构体类型的指针。

例如:

```
struct student
{
    long num;
    char name[10];
    float score[3];
} * s;
```

结构体类型指针与其他类型指针一样,必须遵循"先赋值,后使用"的原则。

例如:

struct student stu, * s＝NULL;

s＝&stu;

以上语句定义了一个指向 struct student 的结构体类型指针 s,使它指向结构体变量 stu。

2.结构体类型指针变量的引用

在 C 语言中利用指针访问结构体成员的方式有以下两种:

(1)使用"."运算符

使用"."运算符访问结构体成员的一般形式如下:

(* 结构体类型指针变量).成员名

例如:

s＝&stu;

(* s).num ＝ 20180101;

上述语句,首先通过" * "运算符得到指针 s 所指向的结构体变量 stu,然后通过"."运算符取得 stu 的成员 num,并赋值为 20180101。

(2)使用"－＞"运算符

使用"－＞"运算符访问结构体成员的一般形式如下:

结构体类型指针变量－＞成员名

例如:

s －＞ num ＝ 20180101;//作用与上例语句相同,建议使用"－＞"运算符,这种方式更容易理解

【例 7-4】 分析以下程序的运行结果,注意结构体类型指针的使用。

```
#include<stdio.h>
int main()
{
    struct Date
    {
        int day;
        int month;
        int year;
    };
    struct Date today, * p;
    p = &today;
    p -> day = 5;
    p -> month = 4;
    p -> year = 2019;
    printf("今天的日期是：%d-%d-%d\n", p -> year, p -> month, p -> day);
    return 0;
}
```

程序运行结果：

```
今天的日期是：2019-4-5
Press any key to continue_
```

7.3.2 指向结构体数组的指针

定义一个指针用来指向一个结构体数组时，该指针中的值就是它所指向的结构体数组的首地址，通过该指针便可访问数组中的每一个元素。

例如：

```
struct student
{
    long num;
    char name[10];
    float score[3];
};
struct student s[10], * p=NULL;
p=s;
```

上述语句中定义了一个结构体类型指针 p，指向了结构体类型数组 s，即指向了该数组的首元素。此时，访问数组 s 的第一个学生的姓名可以采用如下形式：

p ->name;

或者

(* p). name;

同理，访问第 i 个学生的姓名可改写成"(p+i) ->name;"或者"(* (p+i)). name;"的形式。

【例 7-5】 分析以下程序的运行结果,注意结构体类型数组的指针的使用。

```c
#include<stdio.h>
struct date
{
    int year;
    int month;
    int day;
};
struct student
{
    long num;
    char name[20];
    char sex;
    struct date birthday;
};
int main()
{
    struct student * p;
    struct student s[4]={{20180101,"zhangsan",'F',2000,5,23},
                        {20180102,"lisi",'M',1999,2,15},
                        {20180103,"wangwu",'F',2001,7,5},
                        {20180104,"zhaoliu",'M',2000,5,20} };
    printf("  Num\tName\t  Sex\t  Birthday\n");
    for(p=s; p<s+4;p++)
        printf("%ld\t%-14s\t%c\t  %d%3d%3d\n",p->num,p->name,p->sex,
            p->birthday.year,p->birthday.month,p->birthday.day);
    return 0;
}
```

程序运行结果:

```
 Num          Name          Sex      Birthday
20180101      zhangsan       F       2000   5 23
20180102      lisi           M       1999   2 15
20180103      wangwu         F       2001   7  5
20180104      zhaoliu        M       2000   5 20
Press any key to continue_
```

7.4 结构体指针与函数

函数之间不仅可以传递简单的变量、数组、指针等类型的数据,还可以传递结构体类型的数据。

7.4.1 结构体变量作为函数参数

结构体变量作为函数参数的用法与普通变量类似,都需要保证调用函数的实参类型和被调用函数的形参类型相同。结构体变量做函数参数时，也是值传递，被调函数中改变结构体成员变量的值，主调函数中不受影响。

【例7-6】 结构体变量作为函数参数应用举例。

```
# include <stdio.h>
# include <stdlib.h>
struct Student
{
    char name[30];
    float fScore[3];
}student={"zhangsan",96.5,89.0,95.5};        //初始化结构体变量
void Display(struct Student su)               //形参为同类型的结构体(Student 结构)
{
    printf("Name: % s\n",su.name);
    printf("Chinese: %.2f\n",su.fScore[0]);
    printf("Math: %.2f\n",su.fScore[1]);
    printf("English: %.2f\n",su.fScore[2]);
}
int main ()
{
    Display(student);
    return 0;
}
```

程序运行结果：

```
Name:zhangsan
Chinese:96.50
Math:89.00
English:95.50
Press any key to continue
```

7.4.2　结构体数组作为函数参数

用结构体数组做实参时，采取的也是"值传递"的方式，将结构体数组所占的内存单元的内容全部按顺序传递给形参，形参也必须是相同类型的结构体数组。

【例7-7】 结构体数组作为函数参数应用举例。

```
# include<stdio.h>
struct student
{
    char name[20];
    int studentID;
};
void printInfo(struct student stu[],int length)
{
    int i;
```

```
    for(i=0;i<length;i++)
    {
        printf("Name:%s\n",stu[i].name);
        printf("ID:%i\n\n",stu[i].studentID);
    }
}
void main()
{
    struct student students[3]={{"zhangsan",20180101},
                                {"lisi",20180102},
                                {"wangwu",20180103}};
    printInfo(students,3);
}
```

程序运行结果：

7.4.3　结构体指针作为函数参数

用指向结构体变量的指针做实参，将结构体变量的地址传给形参。采取的是"地址传递"方式，对应的形参是相同结构体类型的指针变量，借助于该指针变量可以访问并修改主调函数中结构体变量的初值。

【例 7-8】　结构体指针作为函数参数应用举例。

```
#include <stdio.h>
#include <string.h>
struct student
{
    char name[20];
    int studentID;
};
void inputstudent(struct student *ps)        //对结构体变量输入时必须传地址
{
    strcpy(ps->name, "zhangsan");
    ps->studentID=20180101;
}
void outputstudent(struct student *ps)       //对结构体变量输出时,可传地址也可传内容
{
```

```
    printf("%s %d\n",ps->name,ps->studentID );
}
int main()
{
    struct student st;
    inputstudent(&st);
    outputstudent(&st);
    return 0;
}
```

程序运行结果：

```
zhangsan 20180101
Press any key to continue
```

7.5 结构体应用——链表

通过前面知识点的学习,我们知道用数组存放数据时,必须先定义数组的长度,而且一旦定义就不能更改,这样不但浪费了大量的内存空间,而且也使数据的处理很不方便。因此C语言便引入了链表数据结构。

7.5.1 链表概述

链表是一种常见的数据结构。它是动态地进行存储分配的一种结构,可以根据需要分配内存单元。图7-4表示最简单的一种链表(单向链表)的结构。

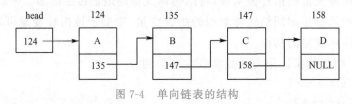

图7-4 单向链表的结构

构成链表的元素称为"结点",图7-4中有4个结点。每个结点都应包括两个部分:数据域用来存储用户需要使用的数据;指针域用来存储下一个结点的地址。指向链表第一个结点的指针称为头指针,整个链表的存取必须从头指针开始,图中以head表示,它存储了第一个结点的地址。可以看出,头指针指向第一个结点;第一个结点又指向第二个结点,直到最后一个结点,该结点不再指向其他结点,则称该结点为"表尾",它的地址部分为"NULL",表示链表到此结束。

链表中各结点在内存中的存储空间通常是离散的,是不连续的。要查找某一结点,需要先找到上一个结点,根据它提供的下一个结点的地址才能找到下一个结点。链表的这种数据结构,必须使用指针变量才能实现,即一个结点中应包含一个指针变量,用它存储下一个结点的地址。

可以使用结构体变量来实现链表中的结点结构。

例如：

```
struct student
{
    int num;
    double score;
    struct student  * next;
};
```

其中成员 num 和 score 用来存储结点中的数据，当我们用 struct student 来定义变量时，next 是变量的一个成员，可用来指向 struct student 类型的变量。用这种方法就可以建立链表，并用一个指针变量来存储第一个结点的地址，如图 7-5 所示。

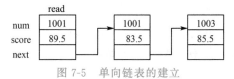

图 7-5　单向链表的建立

有时为了操作的方便，还可以在单链表的第一个结点之前附设一个头结点。头结点的数据域可以存储一些关于链表的长度等附加信息，也可以什么都不存，而头结点的指针域存储链表第一个结点的地址。此时头指针就不再指向链表中第一个结点而是指向头结点，如图 7-6 所示。

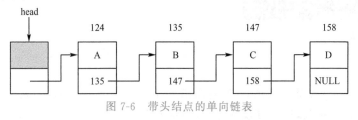

图 7-6　带头结点的单向链表

7.5.2　建立简单的静态链表

下面通过一个例子来说明如何建立和输出一个简单链表。

【例 7-9】　建立一个如图 7-5 所示的简单链表，它由三个学生数据的结点组成。输出结点中的数据。

```
# include <stdio.h>
struct student
{
    int num;
    double score;
    struct student * next;
};
typedef struct student stud;
void display(stud * head);
void main( )
{
```

```
        stud a, b, c, * head;

        head=&a;

        a.num=20180101;   a.score=89.5;   a.next=&b;

        b.num=20180102;   b.score=83.5;   b.next=&c;

        c.num=20180103;   c.score=85.5;   c.next=NULL;

        display(head);
    }
    void display(stud * head)
    {
        stud * p=head;

        while (p! =NULL)

        {
            printf("%d %.2f\n", p->num, p->score);

            p = p->next;   // 使p指向下一个结点
        }
    }
```

程序运行结果：

```
20180101 89.50
20180102 83.50
20180103 85.50
Press any key to continue
```

●知识小贴士

　　【例 7-9】是比较简单的链表,所有结点都是在程序中定义的,不是动态分配的,也不需要用完后释放,这种链表称为"静态链表"。

7.5.3　建立动态链表

　　所谓建立动态链表,是指在程序执行过程中从无到有地建立起一个链表,即动态创建每个结点和输入各结点数据,并建立起前后相连的关系。

　　【例 7-10】　编写程序,建立一个有三名学生数据的单向动态链表。

　　分析　设三个指针变量:head,p1 和 p2,它们都是用来指向 struct student 类型数据的。先用 malloc 函数分配第 1 个结点,并使 p1 和 p2 指向它。然后从键盘输入一个学生的数据给 p1 所指的第 1 个结点。如果输入的学号为 0,则表示建立链表的过程完成,该结点不会链接到链表中。先使 head 的值为 NULL,这是链表为"空"时的情况,当建立第 1 个结点时就使 head 指向该结点。

　　如果输入的 p1->num 不等于 0,则输入的是第 1 个结点的数据,令 head=p1,使 head 也指向新分配的结点,如图 7-7 所示。

　　p1 所指向的新创建的结点就成为链表中的第 1 个结点。然后再分配另一个结点并使 p1 指向它,接着输入该结点的数据,如图 7-8 所示。

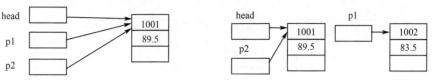

图 7-7　第 1 个结点的建立　　　　　图 7-8　第 2 个结点的建立

如果输入的 p1->num 不等于 0,则应链接第 2 个结点,并将 p1 的值赋给 p2->next,此时 p2 指向第 1 个结点,如图 7-9 所示。

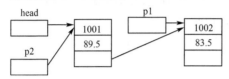

图 7-9　结点的链接(1)

接着使 p2 = p1,也就是使 p2 指向刚才建立的结点,如图 7-10 所示。

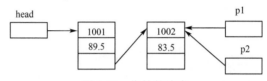

图 7-10　指针的改变

接着再分配一个结点并使 p1 指向它,并输入该结点的数据,如图 7-11 所示。

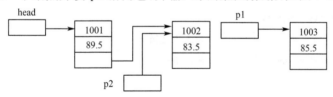

图 7-11　第 3 个结点的建立

在第 3 次循环中,将 p1 的值赋给 p2->next,也就是将第 3 个结点链接到第 2 个结点之后,并使 p2 = p1,使 p2 指向最后一个结点,如图 7-12 所示。

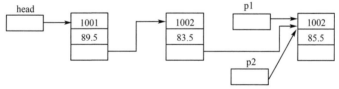

图 7-12　结点的链接(2)

再分配一个新结点,并使 p1 指向它,输入该结点的数据。由于 p1->num 为 0,不再执行循环,此新结点不应被链接到链表中,如图 7-13 所示。

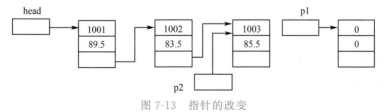

图 7-13　指针的改变

此时将 NULL 赋给 p2－＞next,如图 7-14 所示。

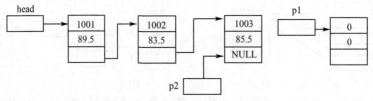

图 7-14　创建链表结束

建立链表过程至此结束,p1 最后所指的结点未链入链表中,第 3 个结点的 next 成员的值为 NULL,它不指向任何结点。

程序代码如下：

```
# include <stdio.h>
# include <stdlib.h>
struct student
{
    int num;
    double score;
    struct student * next;
};
typedef struct student stud;
stud * create( );                    //动态创建链表
void display(stud * head);           //输出链表
void main( )
{
    stud * head;
    head=create( );
    display(head);
}


stud * create( )
{
    int n=0;
    stud * head, * p1, * p2;
    p1=(stud *)malloc(sizeof(stud));
    printf("请输入学号和成绩：");
    scanf(" % d, % lf", &p1->num, &p1->score);
    head=NULL;
```

```
        while (p1->num! =0)
        {
            ++n;
            if (n==1)  // 第一次创建结点
            {
                head=p1;
            } else
            {
                p2->next=p1;
            }
            p2=p1;
            p1=(stud * )malloc(sizeof(stud));
            printf("请输入学号和成绩: ");
            scanf("%d,%lf", &p1->num, &p1->score);
        }
        p2->next=NULL;
        free(p1);
        return head;
}
void display(stud * head)
{
    stud * p=head;
    while (p! =NULL)
    {
        printf("%d %.2f\n", p->num, p->score);
        p=p->next;
    }
}
```

程序输入及程序运行结果：

请输入学号和成绩：1001,89.5↙

请输入学号和成绩：1002,83.5↙

请输入学号和成绩：1003,85.5↙

请输入学号和成绩：0,0↙

```
请输入学号和成绩: 1001,89.5
请输入学号和成绩: 1002,83.5
请输入学号和成绩: 1003,85.5
请输入学号和成绩: 0,0
1001 90.50
1002 94.50
1003 98.50
Press any key to continue
```

7.5.4 链表的插入

假设我们要在链表的两个结点 a 和 b 之间插入一个结点 x，已知 p 为其单链表存储结构中指向结点 a 的指针，如图 7-15 所示。

为插入结点 x，首先需要生成一个数据域为 x 的结点，然后插入单链表中。根据插入操作的逻辑含义，还需要修改结点 a 中的指针域，令其指向结点 x，而结点 x 中的指针域应指向结点 b，从而实现三个结点 a、b 和 x 之间逻辑关系的变化。插入后的单链表如图 7-16 所示。

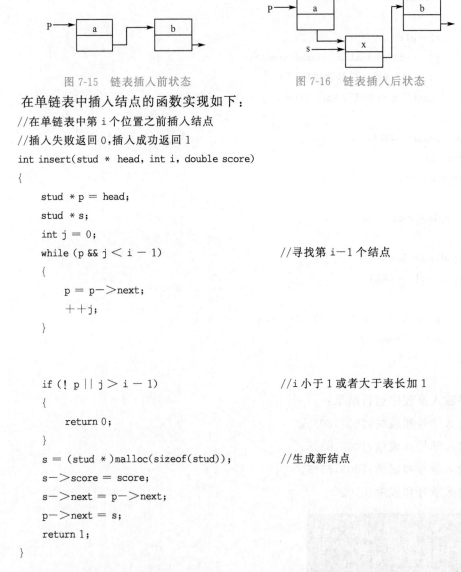

图 7-15　链表插入前状态　　　图 7-16　链表插入后状态

在单链表中插入结点的函数实现如下：

```
//在单链表中第 i 个位置之前插入结点
//插入失败返回 0，插入成功返回 1
int insert(stud * head, int i, double score)
{
    stud * p = head;
    stud * s;
    int j = 0;
    while (p && j < i - 1)                    //寻找第 i-1 个结点
    {
        p = p->next;
        ++j;
    }

    if (! p || j > i - 1)                     //i 小于 1 或者大于表长加 1
    {
        return 0;
    }
    s = (stud *)malloc(sizeof(stud));         //生成新结点
    s->score = score;
    s->next = p->next;
    p->next = s;
    return 1;
}
```

7.5.5 链表的删除

要在单链表中删除结点 b，为在单链表中实现结点 a、b 和 c 之间逻辑关系的变化，仅需修改结点 a 中的指针域即可,如图 7-17 和图 7-18 所示。

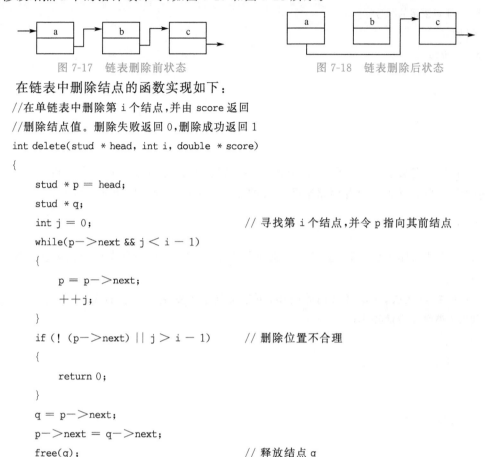

图 7-17　链表删除前状态　　　　　　　　图 7-18　链表删除后状态

在链表中删除结点的函数实现如下:

```c
//在单链表中删除第 i 个结点,并由 score 返回
//删除结点值。删除失败返回 0,删除成功返回 1
int delete(stud * head, int i, double * score)
{
    stud * p = head;
    stud * q;
    int j = 0;                          // 寻找第 i 个结点,并令 p 指向其前结点
    while(p->next && j < i - 1)
    {
        p = p->next;
        ++j;
    }
    if (! (p->next) || j > i - 1)       // 删除位置不合理
    {
        return 0;
    }
    q = p->next;
    p->next = q->next;
    free(q);                            // 释放结点 q
    return 1;
}
```

7.6　共用体

C 语言提供了一种构造类型的数据——共用体。共用体和结构体类似,也是一种由用户自己定义的数据类型,也可以由若干不同类型的数据组合而成,组成共用体的若干个数据也称为成员。和结构体不同的是,结构体变量每个成员占有各自的内存单元,共用体变量各个成员都从同一地址开始存放,即成员间互相覆盖。

7.6.1　共用体类型的定义

定义共用体类型的一般格式如下:

```
union 共用体名
{
    成员列表
```

```
};// 注意末尾的分号
```
例如：
```
union data
{
    int i;
    char c;
    float f;
};
```

以上语句定义了一个公用类型 union data，有三个成员共同占用一块存储空间，存储空间的大小为所有成员中占存储空间最大的那个成员占据的存储单元的大小。

7.6.2 共用体变量的定义

定义了共用体类型之后，就可以定义该类型的变量，其定义形式与结构体变量相似，也有两种：

(1)间接定义法，先定义共用体类型，再定义共用体变量。一般形式如下：

共用体类型名 变量名列表；

例如：
```
union data
{
    int i;
    char c;
    float f;
};
union data d1,d2; //定义 d1、d2 为 union data 类型的变量
```

(2)直接定义法，在定义共用体类型的同时，定义共用体变量。一般形式如下：
```
union［共用体名］
{
    数据类型1成员名1；
    数据类型2成员名2；
    ...
    数据类型n成员名n；
}变量列表；
```
例如：
```
union data
{
    int i;
    char c;
    float f;
}d1,d2;   //在定义 union data 类型的同时定义了该类型的变量 d1,d2
```

7.6.3　共用体变量的引用

共用体变量引用的一般形式如下：

共用体变量名.成员名

例如：

d1.f＝2.5;　//引用共用体变量 d1 的成员 f，并赋值为 2.5

> **●知识小贴士**
>
> 在使用共用体类型时要注意以下几点：
>
> ①同一个内存段可以用来存储几种不同类型的成员，但在每一瞬时只能存储其中一种，而不是同时存储几种。
>
> ②共用体变量中起作用的成员是最后一次存储的成员，再存入一个新的成员后原有的成员就失去作用。例如有以下赋值语句：
>
> ud.i ＝ 1;
>
> ud.c ＝´a´;
>
> ud.f ＝ 1.5;
>
> 在完成以上三个赋值运算后，只有 ud.f 是有效的，ud.i 和 ud.c 就已经不存在了。此时想用"printf("％d", ud.i);"语句来输出 ud.i 的值是错误的。因此在使用共用体变量时应十分注意当前存储在共用体变量中的究竟是哪一个成员。
>
> ③共用体变量的地址和它的各成员的起始地址都是同一地址。例如，&ud.i、&ud.c 和 &ud.f 都表示同一起始地址。
>
> ④ANSI C 标准允许在两个类型相同的共用体变量之间进行相互赋值。例如：
>
> udata ud1, ud2;
>
> ud1.i ＝ 5;
>
> ud2.i ＝ ud1;
>
> printf("％d", ud2.i);　//输出的值为 5

7.7　枚举类型

枚举类型是 ANSI C 标准新增加的。如果一个变量能够列出所有可能的取值，则可以定义为枚举类型。所谓"枚举"，是指将变量的值一一列举出来，变量的取值只限于列举出来的值的范围之内。

定义枚举类型的一般格式如下：

enum 枚举类型 {枚举值列表};

例如：

enum weekday{Monday, Tuesday, Wednesday, Thursday, Friday, Saturday, Sunday};

以上语句声明了一个枚举类型 enum weekday,然后可以使用此类型来定义变量。

例如:

enum weekday workday, weekend;

变量 workday 和 weekend 被定义为枚举变量,它们的取值只能是 Monday 到 Sunday 其中之一。

例如:

weekend = Sunday;

枚举类型中的元素称为枚举元素或枚举常量,它们是用户自定义的标志符。

● 知识小贴士 ●

(1)C 的编译器对枚举元素按常量处理,在定义时使它们的值从 0 开始递增。在上面的声明中,Monday 的值为 0,Tuesday 的值为 1,依此类推。

例如:

weekend = Sunday;

printf("%d", weekend); //输出整数6

也可以改变枚举元素的值。

例如:

enum weekday

{Monday = 1, Tuesday, Wednesday, Thursday, Friday, Saturday, Sunday};

其中,Monday 的值被定义为 1,则 Tuesday 的值为 2,依此类推。

(2)枚举值可以用来做判断比较。

例如:

if(workday == Monday) {…}

if(workday > Saturday) {…}

【例 7-11】 输入两个整数,依次求出它们的和、差、积并输出结果。要求用枚举类型数据来进行和、差、积的判断。

```c
#include<stdio.h>
int main()
{
    enum operation{ plus, minus, times};
    int x,y,i;
    printf("请输入两个数:");
    scanf("%d%d",&x,&y);
    for(i=plus; i<=times;i++)
    {
        switch(i)
        {
            case plus: printf("%d+%d=%d\n",x,y,x+y);break;
```

```
            case minus: printf("%d—%d=%d\n",x,y,x—y);break;
            case times: printf("%d*%d=%d\n",x,y,x*y);break;
        }
    }
    return 0;
}
```

程序输入及程序运行结果：

请输入两个数：4 5↙

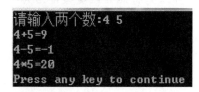

7.8　用 typedef 定义类型

除了可以直接使用 C 语言提供的标准类型名（如 int、char、float、double 等）外，C 语言还允许使用 typedef 为已有的类型指定同义的新类型。

例如：

`typedef int INTEGER;`

为 int 指定同义的新类型 INTEGER。这样，以下两行语句等价：

`int i, j;`

`INTEGER i, j;`

还可以这样使用 typedef：

（1）`typedef int NUM[100];`

`NUM a;`

首先声明 NUM 为整型数组类型，然后定义 a 为整型数组变量。

（2）`typedef char * CHARPTR;`

`CHARPTR p;`

首先声明 CHARPTR 为指向 char 类型的指针类型，然后定义 p 为 char 类型的指针变量。

（3）`typedef int (*FUNCPTR);`

`FUNCPTR fp;`

首先声明 FUNCPTR 为指向函数的指针类型，该函数返回值为 int 类型，然后定义 fp 为 FUNCPTR 类型的指针变量。

归纳起来，声明一个新类型名的方法是：

`typedef 类型名 新类型名;`

其中，"类型名"必须是在此语句之前已经定义的类型标识符。"新类型名"是一个用户定义的标识符，用作新的类型名。

知识小贴士

关于 typedef 的几点说明：

（1）用 typedef 可以指定各种类型名，但不能用来定义变量。用 typedef 可以声明数组类型、字符串类型，使用比较方便。例如定义数组，原来使用语句如下：

int a[10], b[10], c[10];　　//定义a、b和c分别为10个元素的整型数组

由于 a、b 和 c 都是一维数组，大小也相同，因此可以先将此数组类型命名为一个新的名字 ARRAY：

typedef int ARRAY[10];

然后用 ARRAY 去定义数组：

ARRAY a, b, c;

可以看到，用 typedef 可以将数组类型和数组变量分离开来，利用数组类型可以定义多个数组。同样可以定义字符串类型、指针类型等。

（2）用 typedef 语句只是对已经存在的类型指定一个新的类型名，并未产生新的类型。

（3）当不同源文件用到同一数据类型时，常常使用 typedef 声明一些数据类型，并放在头文件里，然后在需要的地方用♯include命令把相应的头文件包含进来。

7.9 综合实例

【例 7-12】　有一 3 个同学的小组，每个同学有三门相同课程，通过键盘输入学生姓名及三门课程成绩，计算各门课程平均成绩。

```c
#include<stdio.h>
#include<stdlib.h>
typedef struct stu
{
    char name[10];          //学生姓名
    float score[3];         //学生三门课程成绩
}STU;
void main()
{
    int i,j;
    float sum=0,ave;
    STU stu[3];             //定义一个结构体数组,数组中有三个元素
    for(i=0;i<3;i++)        //从键盘上输入学生姓名和成绩
    {
```

```
        printf("请输入第%d个学生的姓名和三门课程成绩:",i+1);
        scanf("%s",stu[i].name);
        for(j=0;j<3;j++)
            scanf("%f",&stu[i].score[j]);
    }
    for(j=0;j<3;j++)        //将三个学生的每科成绩相加,然后求平均值
    {
        for(i=0;i<3;i++)
        {
            sum=sum+stu[i].score[j];
        }
        ave=sum/3;
        sum=0;              //注意 sum 归 0
        printf("第%d门课程平均成绩为:%.2f\n",j+1,ave);
    }
}
```

程序输入及程序运行结果:

请输入第 1 个学生的姓名和三门课程成绩:zhangsan 89 90.5 86↙

请输入第 2 个学生的姓名和三门课程成绩:lisi 88 90 93↙

请输入第 3 个学生的姓名和三门课程成绩:wangwu 89 93 95↙

```
请输入第1个学生的姓名和三门课程成绩: zhangsan 89 90.5 86
请输入第2个学生的姓名和三门课程成绩: lisi 88 90 93
请输入第3个学生的姓名和三门课程成绩: wangwu 89 93 95
第1门课程平均成绩为: 88.67
第2门课程平均成绩为: 91.17
第3门课程平均成绩为: 91.33
Press any key to continue_
```

7.10 本章小结

结构体和共用体是两种新型的数据类型,它们和前面使用的基本数据类型有两个显著的区别。一是结构体和共用体不是系统固有的,它需要用户自己定义,在一个程序中可以有多个各不相同的结构体和共用体类型。二是一个结构体或共用体数据类型是由多个不同成员组成的,这些成员可以具有不同的数据类型。三是定义结构体数据类型的变量、数组、指针、函数等。共用体数据类型和结构体数据类型比较相似,但也存在明显的区别。共用体是由多个成员组成的一个组合体,其本质是使多个变量共享同一段内存,共用体变量中的值是最后一次存放的成员的值,共用体变量不能初始化,共用体变量的存储空间长度是成员中最大长度值的值。

链表是一种动态的数据存储结构,它是结构体类型数据的一个典型应用,链表结点由数据域和指针域组成,链表的基本操作包括插入结点、删除结点、查找结点等。枚举类型

变量的定义与应用,枚举元素是常量,不是变量,枚举变量通常由赋值语句赋值,枚举元素虽可由系统或用户定义一个顺序值,但枚举元素和整数不相同,它们属于不同的类型。

7.11 习题练习

一、选择题

1.以下描述正确的是(　　)。

A.结构类型中的成员可以是结构类型

B.结构类型的成员不能是指针类型

C.结构类型中各成员共享同一个内存单元

D.在结构类型说明后就立即分配内存空间

2.在说明一个结构体变量时,系统分配给它的存储空间是(　　)。

A.该结构体中第一个成员所需的存储空间

B.该结构体中最后一个成员所需的存储空间

C.该结构体中占用最大存储空间的成员所需的存储空间

D.该结构体中所有成员所需存储空间的总和

3.已知如下定义的结构类型变量,若有 p=&data,则对 data 中成员 a 的正确引用是(　　)。

```
struct sk
{
    int a;
    float b;
}data, * p;
```

A.(* p).data.a　　　　B.(* p).a　　　　C.p—>data　　　　D.p.data.a

4.若有如下定义,则下列输入语句正确的是(　　)。

```
struct stu
{
    int a;
    int b;
}student;
```

A.scanf("%d",&a);　　　　　　　　B.scanf("%d",& student);

C.scanf("%d",&stu.a);　　　　　　D.scanf("%d",& student.a);

5.以下程序运行后的输出结果是(　　)。

```
#include<stdio.h>
int main()
{
    union
    {
        char s[2];
```

```
        int i;
    }a;
    a.i=0x234;
    printf("%x,%x\n",a.s[0],a.s[1]);
    return 0;
}
```

A. 34,2   B. 2,34   C. 2,00   D. 34,00

6. 以下程序运行后的输出结果是(   )。

```
#include<stdio.h>
struct st
{
    int i,j;
} * p;
void main()
{
    struct st m[]={{10,1},{20,2},{30,3}};
    p=m;
    printf("%d\n",(*++p).j);
}
```

A. 1   B. 2   C. 3   D. 10

7. 以下程序运行后的输出结果是(   )。

```
#include<stdio.h>
void main()
{
    struct
    {
        short a;
        char b;
        float c;
    }cs;
    printf("%d\n",sizeof(cs));
}
```

A. 5   B. 6   C. 7   D. 8

8. 以下程序运行后的输出结果是(   )。

```
struct test
{
    int m1;
    char m2;
    float m3;
    union uu
    {
```

```
        char u1[5];
        int u2[2];
    }ua;
}myaa;
```

  A. 12   B. 16   C. 14   D. 9

9. 以下程序运行后的输出结果是(　　)。

```
#include<stdio.h>
void main()
{
    struct cmplx{int x;int y;}
        cnum[2]={1,3,2,7};
    printf("%d\n",cnum[0].y/cnum[0].x*cnum[1].x);
}
```

  A. 0   B. 1   C. 3   D. 6

10. 以下程序运行后的输出结果是(　　)。

```
#include<stdio.h>
struct st
{
    int x;
    int *y;
} *p;
int dt[4]={10,20,30,40};
struct st aa[4]={50,&dt[0],60,&dt[0],60,&dt[0],60,&dt[0]};
main()
{
    p=aa;
    printf("%d\t",++p->x);
    printf("%d\t",(++p)->x);
    printf("%d\n",++(p->x));
}
```

  A. 51   60   61   B. 51   60   11

  C. 50   60   21   D. 60   70   31

二、阅读分析程序

1. 程序代码：

```
#include<stdio.h>
struct s
{
    int x,y;
}data[2]={10,100,20,200};
void main()
{
```

```
    struct s * p=data;
    printf("%d\n",++(p->x));
}
```

程序运行结果：＿＿＿＿＿＿＿＿＿＿＿

2.程序代码：

```
#include<stdio.h>
struct stu
{
    int x;
    int * y;
} * p;
int s[]={10,20,30,40};
struct stu a[]={1,&s[0],2,&s[1],3,&s[2],4,&s[3]};
void main()
{
    p=a;
    printf("%d",p->x);
    printf("%d",(++p)->x);
    printf("%d\n",*(++p)->y);
}
```

程序运行结果：＿＿＿＿＿＿＿＿＿＿＿

3.程序代码：

```
#include<stdio.h>
typedef int A[5];
int main()
{
    A a;
    int i;
    for(i=0;i<5;i++)
    a[i]=2*i;
    for(i=0;i<5;i++)
    printf("%d  ",a[i]);
    printf("\n");
}
```

程序运行结果：＿＿＿＿＿＿＿＿＿＿＿

4.程序代码：

```
#include<stdio.h>
int main()
{
    enum{a,b=5,c,d=4,e} k;
    int n;
    k=e;
    n=2*k;
```

```
        printf(" % d\n",n);
        return 0;
}
```

程序运行结果:_____

5. 程序代码:

```
# include<stdio.h>
struct n
{
    int x;
    char c;
};
func(struct n b)
{
    b.x=20;
    b.c='y';
}
int main()
{
    struct n a={10,'x'};
    func(a);
    printf(" % d, % c\n",a.x,a.c);
    return 0;
}
```

程序运行结果:_____

三、程序设计题

1. 利用结构体类型编写程序,实现输入五名学生的学号、姓名和成绩,然后计算并输出学生的平均分。

2. 定义一个结构体变量,其成员包括年、月、日。计算该日在本年中是第几天(考虑闰年问题)。

3. 定义一个结构体变量,其成员包括职工工号、姓名、性别、工资、学历和家庭住址。

4. 建立一个链表,每个结点包括职工工号、姓名、性别、年龄,输入一个退休年龄,如果链表中的结点所包含的年龄等于此年龄,就删除该结点。

5. 13个人围成一圈,从第1个人开始顺序报号1,2,3。凡是报到3者退出圈子,找出最后留在圈子中的人原来的序号。要求用链表实现。

第8章

文件

前面章节中编写的应用程序,其数据都是使用 scanf( )、getchar( )等输入函数通过键盘直接输入的,程序的运行结果是使用 printf( )、putchar( )等输出函数打印在屏幕上。如果需要再次查看结果,就必须重新运行程序,并重新输入数据。另外,当关闭计算机,或退出应用程序时,其相应的数据也将全部丢失,无法重复使用这些数据。但在实际中,我们往往希望程序能够长期保存数据,以便程序能在较长时间内持续使用,要做到这一点,就要用到文件。

8.1 C语言文件系统概述

8.1.1 C语言文件的类型

所谓"文件",一般指存在于外部介质上的数据的集合。C 语言把文件看作一个字节序列,即由一连串的字符组成,称为"流(stream)",以字节为单位访问,没有记录的界限。输入/输出字符流的开始和结束只由程序控制而不受物理符号(如回车符)的控制,因此也把这种文件称作"流式文件"。本书统一将数据从内存流向文件称为"输出",数据由文件流向内存称为"输入",如图 8-1 所示。

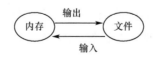

图 8-1　内存与文件的数据流动

1. 按文件中数据的组织形式来分

按文件中数据的组织形式,文件可分为文本文件(ASCII 码文件)和二进制文件。

(1)文本文件

文本文件的每一个字节存储一个 ASCII 码,代表一个字符。文本文件的输入/输出与字符一一对应，一个字节代表一个字符，便于对字符进行逐个处理，也便于输出字符。

文本文件由文本行组成，每行中可以有 0 个或多个字符，并以换行符'\n'结尾，文本文件结束标志是 0x1A。

（2）二进制文件

二进制文件是把数据按其在内存中的存储形式原样存储在磁盘上，一个字节并不对应一个字符，不能直接输出字符形式。

（3）文本文件与二进制文件的差异

由于一个字符在内存中的形式和在文件中的形式是相同的，都是 ASCII 码，因此如果以单个字符为单位（1 个字节）对文件进行读写，使用二进制文件和使用文本文件效果相同，如字符 A，内存中的形式是 01000001 ，文件中的形式也是 01000001 ，我们用记事本打开文件看到字符 A 是因为记事本根据 ASCII 码显示出字符。但对于某些数据，如整数 100000，在内存中存储的是：

| 00000000 | 00000001 | 10000110 | 10100000 |

如果把整数 100000 存入二进制文件中，在文件中只占 4 个字节，可以理解为存储 4 个字符的 ASCII 码；如果存入文本文件中，则需要存入 6 个字符：'1'、'0'、'0'、'0'、'0'、'0'，在文件中占 6 个字节。在实际应用中往往根据需要和存储目标来决定使用文本文件还是二进制文件。

2. 按文件的存取方式及组成结构来分

按文件的存取方式及其组成结构，文件可以分为两种类型：顺序文件和随机文件。

（1）顺序文件

顺序文件结构较简单，文件中的记录一个接一个地存放。在这种文件中，只知道第一条记录的存放位置，其他记录的位置无从知道。当要查找某个数据时，只能从文件头开始，一条记录一条记录地顺序读取，直到找到为止。这种类型的文件组织比较简单，占空间少，容易使用，但维护困难，适用于有一定规律且不经常修改的数据。

（2）随机文件

随机文件又称直接存取文件，简称随机文件或直接文件。随机文件的每个记录都有一个记录号，在写入数据时只要指定记录号，就可以把数据直接存入指定位置。而在读取数据时，只要给出记录号，就可直接读取该条数据。在随机文件中，可以同时进行读、写操作，所以能快速地查找和修改每个记录，不必为修改某个记录而像顺序文件那样对整个文件进行读、写操作。其优点是数据存取较为灵活、方便，速度快，容易修改，主要缺点是占用空间较大，数据组织复杂。

说明：任何文件本质上都是顺序文件，在存储介质上都是按字节顺序依次存储的。随机文件是用户存储了数据组织方面的信息而得到的，根据这些信息用户可以定位到某个需要的位置，以便直接读写该位置之后的数据。

8.1.2　C 语言文件系统的类型

1.缓冲文件系统

C 语言使用的文件系统分为缓冲文件系统(标准 I/O)和非缓冲文件系统(系统 I/O)。

缓冲文件系统的特点是:在内存分配一个缓冲区,为程序中的每一个文件使用。当执行读文件的操作时,从磁盘文件中先将数据读入内存缓冲区,装满后再从内存缓冲区依次读入到接收的变量。执行写文件的操作时,先将数据写入内存缓冲区,等内存缓冲区装满后再输出到文件。由此可以看出,内存缓冲的大小影响着实际操作外存的次数,内存缓冲区越大,则操作外存的次数就越少,执行速度就越快,效率就越高。一般来说,文件缓冲区的大小随计算机系统情况而定。

2.非缓冲文件系统

非缓冲文件系统依赖于操作系统,操作系统不分配读写缓冲区,通过操作系统的功能对文件进行读写,是系统级的输入/输出。它不设文件结构体指针,只能读写二进制文件,但效率高、速度快。由于 ANSI C 标准不再包括非缓冲文件系统,因此建议读者最好不要选择它,本书也不做介绍。

8.2　文件类型指针

在操作文件时,通常关心文件的属性,如文件名、文件状态和文件当前读写位置等信息。ANSI C 为每个被使用的文件在内存中分配一块区域,利用一个结构体类型的变量存储上述信息。该变量的结构体类型由系统取名为 FILE,在头文件 stdio.h 中定义如下:

```
typedef struct
{
    short level;                //缓冲区使用量
    unsigned flags;             //文件状态标志
    char fd;                    //文件号
    short bsize;                //缓冲区大小缺省值 512
    unsigned char * buffer;     //缓冲区指针
    unsigned char * curp;       //当前活动指针
    unsigned char hold;         //无缓冲区取消字符输入
    unsigned istemp;            //草稿文件标志
    short token;                //做正确性检验
}FILE;
```

在 C 语言中,用一个指针变量指向一个文件,其实是指向存储该文件信息的结构体类型变量,这个指针称为文件指针。通过文件指针就可以对它所指向的文件进行各种操作。定义说明文件指针一般形式为:

```
FILE *指针变量名;
```

其中,FILE 必须大写,表示是由系统定义的一个文件结构。

例如：

```
FILE * fp;
```

表示 fp 是指向 FILE 结构的指针变量，通过 fp 即可找到存放某个文件信息的结构体变量，然后按结构体变量提供的信息找到该文件，实施对该文件的操作。

C 语言中通过文件指针变量对文件进行打开、读、写及关闭等操作。因为文件指针类型及对文件进行的操作函数都是原型说明，都存放到"stdio. h"头文件中，因此对文件操作的程序，在程序最前面应写一行文件头包含命令：♯include＜stdio. h＞。

8.3　文件的打开与关闭

对磁盘文件的操作必须"先打开，后读写，最后关闭"。任何一个文件在进行读写操作之前都需要先打开，使用完毕后要关闭。

所谓打开文件，实际上是建立文件的各种有关信息，并使文件指针指向该文件，以便进行其他操作。关闭文件则断开指针与文件之间的联系，也就禁止再对该文件进行操作。

8.3.1　文件的打开

C 语言使用系统提供的函数 fopen( )打开文件，其调用的一般形式如下：

文件指针变量名＝fopen(文件名,文件使用方式);

其中，"文件指针变量名"必须是被说明为 FILE 类型的指针变量，"文件名"是指被打开文件的文件名，是字符串常量或字符数组名。"文件使用方式"是指文件的类型和操作要求，文件的使用方式见表 8-1。

表 8-1　　　　　　　　　　　　　文件使用方式

使用方式	含义及说明
"r"	以只读方式打开一个文本文件，只允许读数据，若打开的文件不存在，则打开失败
"w"	以只写方式打开或建立一个文本文件，只允许写数据，若打开的文件不存在，则新建一个并打开
"a"	以追加方式打开一个文本文件，并允许在文件末尾写数据，若打开的文件不存在，则新建一个并打开
"r+"	以读、写方式打开一个文本文件，允许读和写，若打开的文件不存在，则打开失败
"w+"	以读、写方式打开或建立一个文本文件，允许读和写，若打开的文件不存在，则新建一个并打开
"a+"	以读、写方式打开一个文本文件，允许读，或在文件末尾追加数据，若打开的文件不存在，则新建一个并打开
"rb"	以只读方式打开一个二进制文件，只允许读数据，若打开的文件不存在，则打开失败
"wb"	以只写方式打开或建立一个二进制文件，只允许写数据，若打开的文件不存在，则新建一个并打开

（续表）

使用方式	含义及说明
"ab"	以追加方式打开一个二进制文件,并允许在文件末尾写数据,若打开的文件不存在,则新建一个并打开
"rb+"	以读、写方式打开一个二进制文件,允许读和写,不删除原内容,若打开的文件不存在,则打开失败
"wb+"	以读、写方式打开或建立一个二进制文件,允许读和写,删除原内容,若打开的文件不存在,则新建一个并打开
"ab+"	以读、写方式打开一个二进制文件,允许读,或在文件末尾追加数据,若打开的文件不存在,则新建一个并打开

例如:

```
FILE * fp;
fp = fopen("file1.dat", "r");
```

表示以只读的方式(第二个参数"r"表示 read,即只读)打开名为 file1.dat 的文件。如果成功打开,则返回一个指向该文件的文件信息区的起始地址的指针,并赋值给指针变量 fp。如果打开失败,则返回一个空指针 NULL,赋值给 fp。

第一个参数为文件名,可以包含路径和文件名两部分。写路径时注意反斜杠问题,若路径和文件名为:c:\tc\ file1.dat 则应写成:c:\\tc\\file1.dat。因为在 C 语言中,转义字符以反斜杠开头,"\\"才表示一个反斜杠。

关于文件的说明:

①用"r"方式打开的文件,只能用于“读”,即可把文件的数据作为输入数据,读到程序的内存变量中,但不能把程序中产生的数据写到文件中。"r"方式只能打开一个已经存在的文件。

②用"w"方式打开的文件,只能用于“写”,即不能读文件中的数据到内存,只能把程序中的数据输出到文件中。如果指定的文件不存在,则新建一个文件;如果文件存在,则把原来的文件删除,再重新建立一个空白的文件。

③用"a"方式打开的文件,保留该文件原有的数据,可以在原文件的末尾添加新的数据,若文件不存在,则新建一个并打开。

④打开方式带上"b"表示是对二进制文件进行操作。带上"+"表示既可以读,又可以写,而对文件存在与否的不同处理则按照"r"、"w"和"a"各自的规定进行。

⑤如果在打开文件时发生错误,即打开失败,不论是以何种方式打开文件,fopen 都返回一个空指针 NULL。

文件打开可能出现的错误如下:

①试图以“读”方式(带"r"的方式)打开一个并不存在的文件。

②新建一个文件,而磁盘上没有足够的剩余空间或磁盘被写保护。

③试图以“写”方式(带"w"或"a"的方式,"r+"或"rb+"方式)打开被设置为“只读”属性的文件。

为避免因上述情况造成对文件读、写操作出错,常用以下方法来打开一个文件,以确保对文件读、写操作的正确性:

```
if ((fp=fopen("c:\\myfile.dat","w+"))==NULL)
{
    printf("Cannot open the file ! ");
    exit(0); //退出程序
}
    ⋮    //此处编写打开文件后,对文件读、写的代码
```

上面的例子,是以"w+"的方式打开 C 盘根目录中的"myfile.dat"文件,并把返回的指针赋值给变量 fp,若返回的是空指针 NULL(打开操作失败),则提示文件不能打开并退出应用程序;否则,才对指向文件的指针 fp 进行操作。这样可以确保在对文件进行读、写操作时,文件一定是成功打开的。

8.3.2 文件的关闭

文件使用完后,为确保文件中的数据不丢失,要使用文件的关闭函数 fclose( )进行关闭。函数 fclose( )的一般形式如下:

```
fclose(文件指针变量);
```

功能:关闭一个由 fopen( )函数打开的文件。

例如:

```
fclose(fp);
```

在前面的例子中,把 fopen( )函数返回的指针赋值给 fp,现在用 fclose( )函数使文件指针 fp 与文件脱离,同时刷新文件输入/输出缓冲区。

8.4 文件的读写

打开文件后都会返回该文件的一个文件类型的指针,程序中就是通过这个指针执行对文件的读和写。

在 C 语言中提供了多种文件的读、写函数。

①字符读、写函数:fgetc( )和 fputc( )。

②数据块读、写函数:fread( )和 fwrite( )。

③格式化读、写函数:fscanf( )和 fprintf( )。

④字符串读、写函数:fgets( )和 fputs( )。

使用 fopen( )函数成功打开文件后,就会有属于该文件的一个文件读写位置指针,表示文件内部当前读写的位置。上面的文件读、写函数均是指顺序读、写,即读了一个单元数据后,文件读写位置指针自动指向下一个读写单元。也就是说,读多少个字节,文件读写位置指针也相应向后移动多少个字节。

需要说明的是,以"r"或"w"方式打开文件后,该文件读写位置指针指向文件开头;

以"a"方式打开文件后,该文件读写位置指针指向文件末尾。

通常,根据文本文件和二进制的不同性质,可采用不同的读写函数。对文本文件来说,可以按字符读写或按字符串读写;对二进制文件来说,可进行数据块的读写或格式化的读写。

8.4.1　fputc( )函数和 fgetc( )函数

1.字符写函数 fputc( )

使用字符写函数 fputc( )将一个字符输出到文件中,调用的一般格式如下:

```
fputc(ch, fp);
```

其中,fp 是已定义的文件指针变量,ch 是要输出的字符,它可以是一个字符常量,也可以是字符变量。该函数的功能是,将字符(ch 的值)输出到 fp 所指向的文件中去。

fputc( )函数也有返回值,若写操作成功,则返回值就是输出到文件的字符;否则返回 EOF(文件结束标志,其值为-1,在 stdio.h 中定义),表示写操作失败。

2.字符读函数 fgetc( )

fgetc( )函数的功能是从指定的文件中读一个字符,函数调用的一般形式如下:

```
字符变量=fgetc(文件指针);
```

例如:

```
ch=fgetc(fp);
```

其功能是从打开的文件 fp 中读取一个字符,文件必须是以读或读写方式打开的,读取成功,则返回文件当前位置的一个字符;读错误时返回 EOF。

3.fputc( )函数和 fgetc( )函数使用举例

在掌握了以上几个函数之后,可以编制一些简单地使用文件的程序。

【例 8-1】　从键盘输入一行字符(不超过 80 个字符),将其输出到 D 盘根目录的 myfile.txt 文件中。

程序代码如下:

```
#include<stdio.h>
#include<stdlib.h>
void main( )
{
    FILE * fp;
    char ch[81], * p=ch;
    if ((fp=fopen("d:\\myfile.txt","w"))==NULL)      //打开文件失败
    {
        printf("打开文件失败!");
        exit(0);                                     //退出程序
    }
    printf("请输入一行字符:");
    gets(p);                                         //输入一行字符
```

```
    while( * p! = '\0')                                    //逐个字符输出到文件
    {
        fputc( * p,fp);
                p++;
    }
    fclose(fp);                                            //关闭文件
}
```

程序输入及程序运行结果：

请输入一行字符：abcdefg↙

请输入一行字符:abcdefg
Press any key to continue

输出到 D 盘根目录的 myfile. txt 文件，如图 8-2 所示：

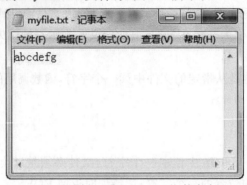

图 8-2 【例 8-1】myfile. txt 文件内容

知识小贴士

　①文件结构体名 FILE 必须大写；
　②文件打开函数由两部分参数组成，都用双引号；
　③文件打开之后，使用结束要关闭文件。

【例 8-2】 将【例 8-1】输出到文件的数据读出并打印输出到屏幕。

程序代码如下：

```
# include<stdio. h>
# include<stdlib. h>
void main( )
{
    FILE * fp;
    char ch;
    if ((fp=fopen("d:\\myfile. txt", "r")) == NULL)       //打开文件失败
    {
        printf("打开文件失败!");
```

```
        exit(0);                                    //退出程序
    }
    while ((ch=fgetc(fp))! = EOF)
    {
        putchar(ch);
    }
    fclose(fp);
}
```

程序运行结果如下：

```
abcdefg
Press any key to continue_
```

本例程序的功能是从文件中逐个读取字符并在屏幕上显示。程序定义了文件指针 fp，以读文本文件方式打开 d:\myfile.txt，并使 fp 指向该文件。如果打开文件出错，给出提示并退出程序。只要读出的字符不是文件结束标志（每个文件末有一结束标志 EOF），就把该字符显示在屏幕上，再读入下一字符。每读一次，文件内部的位置指针向后移动一个字符，文件结束时，该指针指向结束标志 EOF。

8.4.2　fgets( )函数和 fputs( )函数

1.字符串读函数 fgets( )

字符串读函数 fgets( )调用的一般形式如下：

fgets(字符数组名,n,文件指针)

其功能是：从指定的文件中读一个字符串到字符数组中。其中，n 是一个正整数，表示从文件中读出的字符串不超过 n−1 个，字符后加上串结束标志'\0'。

注意：fgets( )函数从文件中读取字符直到遇见回车符或 EOF 为止，或直到读入了所限定的字符数（至多 n−1 个字符）为止。

例如，fgets(str,n,fp);语句的功能是从 fp 所指的文件中读出 n−1 个字符送入字符数组 str 中，并在最后加上'\0'字符。函数读成功则返回 str 指针；失败则返回一个空指针 NULL。

【例 8-3】　使用 fgets( )函数改写【例 8-2】。

```
# include<stdio.h>
# include<stdlib.h>
void main( )
{
    FILE * fp;
    char ch[81];
    int n;
    if ((fp = fopen("d:\\myfile.txt", "r")) == NULL)        //打开文件失败
    {
        printf("打开文件失败! \n");
        exit(0);                                    //退出程序
```

```
    }
    while (! feof(fp))                              // feof( )判断文件结束函数
    {
        fgets(ch, 81, fp);                          /* 从 fp 所指文件中读取字符
                                                       串并存放在 ch 数组中 */
        printf("% s", ch);
    }
    fclose(fp);
}
```

程序运行结果：

```
abcdefg
Press any key to continue_
```

2. 字符串写函数 fputs( )

字符串写函数 fputs( )用于向指定的文件输出一个字符串，其调用一般形式如下：

fputs(str,fp)

其中，fp 为定义的文件指针变量；str 可以是指向字符串的指针变量、字符数组名或字符串常量。例如：

fputs("China",fp);

写操作成功，函数返回 0；写操作失败，返回非 0。

【例 8-4】 使用函数 fputs( )改写【例 8-1】。

```
# include<stdio. h>
# include<stdlib. h>
void main( )
{
    FILE * fp;
    char ch[81], * p=ch;
    int n;
    if ((fp = fopen("d:\\myfile. txt", "w")) == NULL)   //打开文件失败
    {
        printf("打开文件失败!");
        exit(0);                                        //退出程序
    }
    printf("请输入一行字符:");
    gets(p);                                            //输入一行字符
    fputs(p, fp);                                        /* 将 p 所指的字符串写入 fp 所
                                                           指的文件中 */
    fclose(fp);                                          //关闭文件
}
```

程序运行结果如下：

请输入一行字符:1234567↙

此时，文件 myfile.txt 内容如图 8-3 所示。

图 8-3 【例 8-4】myfile.txt 内容

●知识小贴士 ●

对于二进制文件，由于没有结束标志 EOF，只能使用系统提供的 feof( ) 函数来判断。feof( ) 的一般形式如下：

```
feof(fp)
```

其中，fp 是文件指针变量，如果文件读取结束则返回非 0 值，没有结束则返回 0。所以读、写是否结束的判断通常通过下面的形式来进行。

```
while(! feof(fp))
{
    ┊    //此处写入读、写操作语句
}
```

文本文件也可使用 feof( ) 函数按上面的形式来判断是否读取结束。

8.4.3 fprintf( ) 函数和 fscanf( ) 函数

fprintf( ) 函数和 fscanf( ) 函数是文件格式化输出函数和文件格式化输入函数，将格式化数据输出到文件，或者从文件中按指定格式读入数据到内存。

1. 格式化输出函数 fprintf( )

把格式化的数据写到文件中，其中格式化的规定与 printf( ) 函数相同，所不同的只是 fprintf( ) 函数是输出到文件中，而 printf( ) 是输出到屏幕上。

格式化输出函数 fprintf( ) 一般形式如下：

```
fprintf(文件指针,格式字符串,输出列表);
```

例如：

```
int a=3;
float b=9.80;
```

```
fprintf(fp,"%2d,%6.2f",a,b);
```

上述语句的功能是将变量 a 按%2d 格式、变量 b 按%6.2f 格式写入 fp 所指向的文件中,并以逗号为分隔符。

【例 8-5】 以格式化的形式对文件进行输出数据操作。

```
#include<stdio.h>
#include<stdlib.h>
void main()
{
    FILE * fp;
    fp=fopen("hello.txt","w");                  /* 以只读方式打开一个文件,若文件不
                                                   存在则创建文件 */
    if(fp==NULL)
    {
        printf("文件打开失败! \n");               //若文件打开失败,则输出提示信息
        exit(0);                                //退出程序
    }
    fprintf(fp,"I am a %s,I am %d years old.","student",18);   /* 将格式化的字符串输出
                                                                 到文件中 */
    fclose(fp);                                 //关闭文件,释放资源
}
```

程序运行结果如下:

Press any key to continue

程序运行成功后,会在当前项目根目录下生产一个 hello.txt 文件,打开文件如图 8-4 所示。

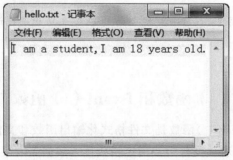

图 8-4 【例 8-5】运行后的 hello.txt 文件

知识小贴士

从图 8-4 中可以看出,字符串被成功地写入文件中。在程序中首先以只写的方式打开 hello.txt 文件,然后调用 fprintf()函数格式化字符串并将字符串写入文件中,最后调用 fclose()函数关闭文件。

2. 格式化输入函数 fscanf( )

fscanf( )函数与前面使用的 scanf( )函数的功能类似,都是格式化读入函数。两者的区别在于 fscanf( )函数读的对象不是键盘,而是磁盘文件。

格式化输入函数 fscanf( )的一般形式如下:

```
fscanf(文件指针,格式字符串,输入列表);
```

例如:

```
fscanf(fp ,"%d%f",&i,&x);
```

上述语句的功能是读取文件指针 fp 所指向的文件中的内容,分别赋值给整型变量 i 和浮点型变量 x。

【例 8-6】 以格式化的形式对文件进行输入数据操作。

新建一个 fscanf.txt 文件,如图 8-5 所示:

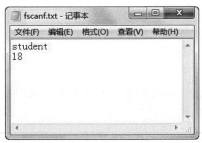

图 8-5　fscanf.txt 文件

```
#include<stdio.h>
#include<stdlib.h>
void main()
{
    FILE * fp;
    char work[20];
    int age;
    fp=fopen("fscanf.txt","r");     //以只读方式打开 fscanf.txt,若文件不存在,则创建
文件
    if(fp==NULL)
    {
        printf("文件打开失败! \n");   //若文件打开失败,则输出提示信息
        exit(0);                     //退出程序
    }
    fscanf(fp,"%s%d",work,&age);     //从文件中格式化输入字符串并保存到程序中
    fclose(fp);                      //关闭文件,释放资源
    printf("I am a %s,I am %d years old. \n",work,age);
}
```

程序运行结果:

```
I am a student,I am 18 years old.
Press any key to continue
```

8.4.4 fread（ ）函数和 fwrite（ ）函数

C 语言还提供了用于整块数据的读、写函数 fread( )和 fwrite( )。可以用来读、写一组数据，如一个数组、一个结构变量的值等。调用的一般形式如下：

fread(buffer,size,count,fp);

fwrite(buffer,size,count,fp);

其中：

①buffer 是一个指针，对于 fread 来说，它表示用来存放读入数据的存储空间的首地址；对于 fwrite 来说，它表示用来存放输出数据的存储空间的首地址。

②size 表示数据块的字节数。

③count 表示要读写的数据块数。

④fp 表示文件类型的指针。

●知识小贴士 ●

fread( )函数和 fwrite( )函数常常用于对二进制文件进行读、写操作。

【例 8-7】　从键盘上输入 5 个整数，将其写入 D 盘中名为 test. dat 的二进制数据文件中并输出。

```
# include <stdio. h>
# include <stdlib. h>
int main( )
{
    FILE * fp;
    int a[5],i;
    printf("请输入 5 个整数:");
    for(i=0;i<5;i++)
    scanf(" % d",&a[i]);
    if((fp=fopen("d:\\test. dat","wb"))==NULL)
    {
        printf("can not open file\n");
        exit(0);
    }
    fwrite(a,sizeof(int),5,fp);
    fclose(fp);
    if((fp=fopen("d:\\test. dat","rb"))==NULL)
    {
        printf("can not open file\n");
        exit(0);
    }
```

```
    fread(a,sizeof(int),5,fp);
    printf("输出为:");
    for(i=0;i<5;i++)
        printf(" %3d",a[i]);
    printf("\n");
    fclose(fp);
    return 0;
}
```

程序输入及程序运行结果:

请输入 5 个整数:1 2 3 4 5↙

8.5 文件定位

前面介绍的文件读写函数都是以顺序的方式操作的。实际使用时,往往需要直接读取文件中间某处的信息,若按照文件的顺序读写方法,则必须从文件头开始读写,直到要读的位置再读写,这样显然不方便。C 语言提供了一组文件的随机读写函数,可以将文件读写位置指针定位在所要读写的地方,从而实现随机读写。

对文件的随机读写是指在文件内部对文件内容任意进行访问,这也就需要对文件进行定位,只有定位准确,才有可能对文件随机访问。

下面是有关文件定位的函数的一般形式:

```
int fseek(FILE * stream,long offset,int fromwhere);
long ftell(FILE * stream);
int rewind(FILE * stream);
```

8.5.1 fseek( ) 函数

fseek( )函数的作用是将文件的读写位置指针设置到特定的位置,一般用于对二进制文件进行操作。函数返回 0 时表明操作成功;返回非 0 时表示操作失败。其中,stream 是文件指针;offset 是位移量,要求必须是长整型数据;fromwhere 是位移的起始点,它有以下取值:

①SEEK_SET(或数值 0):表示文件开头。

②SEEK_CUR(或数值 1):表示文件读写位置指针的当前位置。

③SEEK_END(或数值 2):表示文件末尾。

例如下面几个例子:

```
fseek(fp, 50L, SEEK_SET);        //将位置指针从文件头向后移 50 个字节
fseek(fp, 2L, SEEK_CUR);         //将位置指针从当前位置向后移 2 个字节
fseek(fp, −2L, SEEK_END);        //将位置指针从文件尾向前移 2 个字节
```

其中,数字后加 L 表示位移量是 long 型。

8.5.2 ftell( )函数

ftell( )函数返回文件读写位置指针的当前值,这个值是从文件头开始算起到文件指针当前位置的字节数,返回值为长整数;当返回-1时,表明出现错误。例如:

```
fseek(fp,0L,2);
long t=ftell(fp);    //t 的值是 fp 所指文件的长度
```

8.5.3 rewind( )函数

rewind( )函数用于把文件读写位置指针移到文件的起始处,成功时返回 0;否则,返回非 0 值。例如:

```
fseek(fp,0L,2);          //将文件的读写位置定位到文件的末尾
rewind(fp);              //把文件的读写位置指针移到文件的起始处
```

随机读写一般用于二进制文件,在程序中常用一个结构体变量来存放文件的一条记录。读写时,往往以记录为单位。

【例 8-8】 文件读写位置指针移动应用举例。

```
#include<stdio.h>
void main( )
{
    FILE * fp;
    fp=fopen("d:\\hello.txt", "r");      //只读方式打开文件,文件必须存在
    fseek(fp,5,SEEK_SET);                //将文件位置指针从头开始偏移 5 位
    printf("offset= % d\n",ftell(fp));   //打印文件位置指针的当前位置
    rewind(fp);                          //将文件位置指针指向文件开头
    printf("offset= % d\n",ftell(fp));
    fseek(fp,10,SEEK_CUR);               //将文件位置指针从当前位置开始偏移 10 位
    printf("offset= % d\n",ftell(fp));
    fclose(fp);
}
```

程序运行结果:

```
offset=5
offset=0
offset=10
Press any key to continue_
```

8.6 出错检测

C语言标准提供一些函数用来检查输入/输出函数调用中的错误。如,ferror( )函数和 clearerr( )函数。

8.6.1　ferror（ ）函数

在调用各种输入/输出函数（如 putc( )、getc( )、fread( )、fwrite( )等）时,如果出现错误,除了函数返回值有所反应外,还可以用 ferror( )函数检查。它的一般调用形式如下:

```
ferror(fp);
```

如果 ferror( )返回值为 0(假),表示未出错;如果返回一个非 0 值,表示出错。应该注意,对同一个文件每一次调用输入/输出函数,均产生一个新的 ferror( )函数值,因此,应当在调用一个输入/输出函数后立即检查 ferror( )函数的值,否则信息会丢失。

在执行 fopen( )函数时,ferror( )函数的初始值自动设为 0。

8.6.2　clearerr（ ）函数

它的作用是将文件出错标志和文件结束标志置为 0。假设在调用一个输入/输出函数时出现错误,ferror( )函数值为一个非 0 值。在调用 clearerr(fp)后,ferror(fp)的值变成 0。

只要出现错误标志,就一直保留,直到对同一个文件调用 clearerr( )函数或 rewind( )函数,或任何其他输入/输出函数。

8.7　综合实例

【例 8-9】　从键盘输入一个字符串,将其中的小写字母全部转换成大写字母,然后输出到一个磁盘文件 test1.txt 中保存。

```
# include<stdio.h>
# include<stdlib.h>
# include<string.h>
void main()
{
    FILE * fp;
    char s[100],fname[20];
    int i=0;
    if((fp=fopen("test1.txt","w+"))==NULL)
    {
        printf("打开文件失败\n");
        exit(0);
    }
    printf("请输入一行字符串:");
    gets(s);
    while(s[i]! ='\0')
    {
```

```
        if(s[i]>='a'&&s[i]<='z')
            s[i]=s[i]-32;
        fputc(s[i],fp);
            i++;
    }
    rewind(fp);
    fgets(s,100,fp);
    printf("显示文件的内容:%s\n",s);
    fclose(fp);
}
```

程序输入及程序运行结果:

请输入一行字符串:how are YOU↙

```
请输入一行字符串: how are YOU
显示文件的内容: HOW ARE YOU
Press any key to continue
```

【例 8-10】 创建一个文件用于存储学生的信息。

分析 首选建立一个学生的结构体文件,写入和读出数据块的大小由该结构体类型决定,以二进制写的方式打开文件后,按照格式要求输入学生信息。每次输入完成后,系统将提示是否继续输入,若是,则继续;若否,则停止输入并关闭文件。重新以二进制读的方式打开文件,读出文件中信息并输出到屏幕上,读操作完成后关闭文件。

```
#include<stdio.h>
#include<stdlib.h>
#include<string.h>
int main()
{
    typedef struct
    {
        long num;
        char name[20];
        char sex;
        int age;
    }STUDENT;
    FILE * fp;
    STUDENT stud;
    char ch='y';
    if((fp=fopen("d:\\test.txt","wb"))==NULL)
    {
        printf("打开文件失败\n");
        exit(0);
    }
    while(ch=='y')
```

```
    {
        printf("请输入：学号\t 姓名\t 性别\t 年龄\n");
        scanf("%ld %s %c %d",&stud.num,&stud.name,&stud.sex,&stud.age);
        getchar();
        fwrite(&stud, sizeof(STUDENT),1,fp);
        printf("继续输入学生信息(y/n)?");
        ch=getchar();
    }
    fclose(fp);
    if((fp=fopen("d:\\test.txt","rb"))==NULL)
    {
        printf("打开文件失败\n");
        exit(0);
    }
    while(fread(&stud,sizeof(STUDENT),1,fp)==1)
        printf("%ld\t%s\t%c\t%d\n",stud.num,stud.name,stud.sex,stud.age);
    fclose(fp);
    return 0;
}
```

程序输入及程序运行结果：

请输入：学号 姓名 性别 年龄

20180101 Zhangsan F 18↙

继续输入学生信息(y/n)？y↙

20180102 Zhangliu M 17↙

继续输入学生信息(y/n)？n↙

8.8 本章小结

C 语言程序都是由若干个文件组成的，在 C 语言中使用文件的第一步是打开文件，最后一步是关闭文件。在具体的学习和使用中我们要注意以下几点：

1.计算机处理的所有数据项最终都是 0 和 1 的组合。

2.C 语言把每个文件都当作一个有序的字节流，按字节进行处理。

3.FILE 是定义在头文件 stdio.h 中的结构体类型，打开文件时返回一个 FILE 结构的指针。

4. 文件可按只读、只写、读写和追加 4 种操作方式打开,同时还必须指定文件的类型是二进制文件还是文本文件。

5. 养成良好的程序设计习惯:保证用正确的文件指针调用文件处理函数;明确地关闭程序中不再引用的文件;如果不修改文件的内容就以只读方式打开它。

6. FILE 结构与操作系统有关,FILE 结构的成员随系统对其文件处理方式的不同而不同。

7. 常用的文件系统函数,见表 8-2。

表 8-2 常用的文件系统函数

分 类	函数名	功　能
打开文件	fopen( )	打开文件
关闭文件	fclose( )	关闭文件
文件定位	fseek( )	改变文件位置指针的位置
	rewind( )	使文件位置指针重新置于文件开头
	ftell( )	返回文件位置指针的当前值
文件读写	fgetc( ), getc( )	从指定文件取得一个字符
	fputc( ), putc( )	把字符输出到指定文件
	fgets( )	从指定文件读取字符串
	fputs( )	把字符串输出到指定文件
	fread( )	从指定文件中读取数据项
	fwrite( )	把数据项写到指定文件
	fscanf( )	从指定文件按格式输入数据
	fprintf( )	按指定格式将数据写到指定文件中
文件状态	feof( )	若文件的位置指针指到文件末尾,函数值为"真"(非 0)
	ferror( )	若对文件操作出错,函数值为"真"(非 0)
	clearerr( )	使 ferror( )函数和 feof( )函数值置 0

知识小贴士

为了方便使用,系统已经把 fgetc()和 fputc()函数定义为宏名 getc 和 putc,这是在 stdio.h 中定义的。因此,getc 和 fgetc、putc 和 fputc 的作用是一样的。

8.9 习题练习

一、选择题

1. 在 C 语言程序中对文件操作的一般步骤是(　　)。

A. 打开文件,操作文件,关闭文件

B. 操作文件,修改文件,关闭文件

C. 读/写文件,打开文件,关闭文件

D. 读文件,写文件,关闭文件

2. 若打开文件是为了先读后写,则打开方式应该选择(　　)。

A. r　　　　　　　　B. r+　　　　　　　　C. w+　　　　　　　　D. w

3. 在下列语句中,将 fp 定义为文件指针的是(　　)。

A. FILE fp　　　　B. file fp　　　　C. FILE * fp　　　　D. file * fp

4. 要在 D 盘 MyDir 目录下新建一个 MyFile. txt 文件用于写操作,正确的 C 语言语句是(　　)。

A. FILE * fp=fopen("D:\MyDir\Myfile. txt","w");

B. FILE * fp;　fp=fopen("D:\\MyDir\\MyFile. txt","w");

C. FILE * fp;　fp=fopen("D:\MyDir\MyFile. txt","r");

D. FILE * fp=fopen("D:\\MyDir\\MyFile. txt","r");

5. 下列可以将 fp 所指文件中的内容全部读出的是(　　)。

A. while(ch==EOF)　　　　　　B. while(! feof(fp))

　ch=fgetc(fp);　　　　　　　　　ch=fgetc(fp);

C. while(ch! =EOF)　　　　　　D. while(feof(fp)

　ch=fgetc(fp);　　　　　　　　　ch=fgetc(fp);

6. 若要将"text. txt"文件打开用于增加信息,则以下格式正确的是(　　)。

A. fp=fopen("text. txt", "w")　　　　B. fp=fopen("text. txt", "a+")

C. fp=fopen("text. txt", "r")　　　　D. fp=fopen("text. txt", "r+")

7. 下面程序执行后,文件"text. txt"的内容是(　　)。

```
#include <stdio.h>
void fun(char * fname,char * st)
{
    FILE * myf;
    int i;
    myf=fopen(fname,"w");
    for(i=0;i<strlen(st);i++)
        fputc(st[i],myf);
    fclose(myf);
}
void main()
{
    fun("test.txt","new  world");
    fun("test.txt","hello");
}
```

A. hello　　　　　　　　　　B. new　worldhello

C. new　world　　　　　　　　D. new　world　hello

8. 执行以下程序后,文件"abc.txt"中的内容是(　　)。

```
#include <stdio.h>
void main()
{
    FILE * fp;
    char * str1="first";
    char * str2="second";
    if((fp=fopen("abc.txt","w+"))==NULL)
    {
        printf("打开文件失败\n");
        exit(1);
    }
    fwrite(str2,6,1,fp);
    fseek(fp,0L,SEEK_SET);
    fwrite(str1,5,1,fp);
    fclose(fp);
}
```

A. first   B. second   C. first d   D. 空

9. 设文件 test.txt 的内容为"hello",程序运行后的输出结果是(　　)

```
#include <stdio.h>
void main()
{
    FILE * fp;
    long num=0;
    fp=fopen("test.txt","r");
    while(! feof(fp))
    {
        fgetc(fp);
        num++;
    }
    printf("num= % ld\n",num);
    fclose(fp);
}
```

A. 5   B. 6   C. 7   D. hello

10. 程序运行后的输出结果是(　　)。

```
#include<stdio.h>
void main( )
{
    FILE * fp;
    int i,m=9,n=9;
    fp=fopen("d:\\test.txt", "w");
```

```
for(i=1; i<5; i++)
    fprintf(fp,"%d",i);
fclose(fp);
fp=fopen("d:\\test.txt","r");
fscanf(fp,"%d%d",&m,&n);
fclose(fp);
printf("m=%d,n=%d\n",m,n);
}
```

　　A. m=1,n=2　　　　B. m=9,n=9　　　　C. m=1234,n=9　　　D. m=1,n=234

二、程序设计题

　　1. 从键盘上输入一个字符串,将其中的小写字母全部转换成大写字母,然后输出到一个文件名为"test.txt"的文件中并保存。

　　2. 现有 5 名学生,从键盘输入如下数据:学号、姓名、语文成绩、数学成绩和英语成绩,计算出每名学生 3 门课程的平均成绩,将原有数据和计算出的平均分都存放在文件score.txt 中。

　　3. 编写程序,将文件 test1.txt 中的内容复制到文件 test2.txt 中。

　　4. 有两个文件 test3.txt 和 test4.txt,各存放一行字母,现要求把这两个文件中的信息合并(按字母顺序排列),输出到一个新文件 test5.txt 中去。

第9章

预处理命令

在前面各章内容中,曾多次使用过以"♯"开头的命令。如文件包含命令♯include、宏定义命令♯define 等。在 C 语言程序设计中,这些以"♯"开头的命令一般放在函数之外,而且通常放在源文件的前面,被称为预处理命令。

9.1 宏定义

在 C 语言源程序中允许用一个标识符来表示一个字符串,称为宏。被定义为宏的标识符称为宏名。在编译预处理时,对程序中所有出现的宏名,都用宏定义中的字符串去代换,这称为宏代换或宏展开。

宏定义是由源程序中的宏定义命令完成的。宏代换是由预处理程序自动完成的。在 C 语言中,宏分为无参函数和有参函数两种,即无参宏和带参宏。

9.1.1 无参宏定义

无参宏的宏名后不带参数,其定义的一般形式如下:

♯define 标识符　字符串

其中,♯define 为宏定义命令,"标识符"为所定义的宏名,"字符串"可以是常数、表达式、格式串等,其含义是将在程序中出现宏名的地方均用字符串来代替,减少程序中重复书写某些字符串的工作量,也可以提高程序的易读性。

【例 9-1】　使用无参宏定义求圆的面积。

```
♯include<stdio.h>
♯define PI 3.14              //PI 为宏名
main()
{
    int r;
    double area;
```

```
    printf("请输入圆的半径:");
    scanf(" % d",&r);
    area=PI * r * r;
    printf("圆的面积为: % .2f\n",area);
}
```

程序输入及程序运行结果:

请输入圆的半径:5↙

```
请输入圆的半径: 5
圆的面积为: 78.50
Press any key to continue
```

关于宏定义的几点说明:

①宏定义是用宏名来表示一个字符串,在宏展开时又以该字符串取代宏名。

②宏定义不是说明或语句,在行末不必加分号,如加上分号则连分号也一起置换。

③宏定义必须写在函数之外,其作用域为宏定义命令起到源程序结束。

例如:

```
# include<stdio.h>
# define M 10
void main()
{
    int n=10;
    printf("M * n= % d\n",M * n);
# undef M
# define M 20
    printf("M * n= % d\n",M * n);
}
```

程序运行结果:

```
M*n=100
M*n=200
Press any key to continue
```

④宏名在源程序中若用引号括起来,则预处理程序不对其做宏代换。

例如:

```
# include<stdio.h>
# define ok
void main()
{
    printf("ok\n");
}
```

程序运行结果:

```
ok
Press any key to continue
```

⑤宏定义允许嵌套,在宏定义的字符串中可以使用已经定义的宏名。

例如：

```
# include<stdio.h>
#define M 5
#define N 10
#define S M * N
void main()
{
    printf("S= % d\n",S);
}
```

程序运行结果：

```
S=50
Press any key to continue
```

⑥习惯上宏名用大写字母表示，以便与变量区别，但也允许用小写字母。

⑦可用宏定义表示数据类型，使书写更加方便。

⑧对"输出格式"做宏定义，可以减少书写麻烦。

例如：

```
# include <stdio.h>
#define P printf
#define D " % d\n"
#define F " %.2f\n"
int main()
{
    int a=5, c=8, e=11;
    float b=3.8, d=9.7, f=21.08;
    P(D F,a,b);
    P(D F,c,d);
    P(D F,e,f);
    return 0;
}
```

程序运行结果：

```
5
3.80
8
9.70
11
21.08
Press any key to continue
```

9.1.2 带参宏定义

C语言允许宏带参数，在宏定义中的参数称为形式参数，在宏调用中的参数称为实际参数。对带参数的宏进行调用，不仅要进行宏展开，还要用实参去替换形参。

带参数宏定义的一般形式如下:

♯define 宏名(形参表) 字符串

其中,字符串含有形参表中所指定的参数,当形参个数在一个以上时,形参之间用逗号分隔。

带参宏调用的一般形式如下:

宏名(实参表);

例如:

♯define M(y) y * y+2 * y

…

K=M(5);

…

在进行宏调用时,将用实参 5 去替换形参 y,经过处理,宏展开后的语句如下:

K=5 * 5+2 * 5;

【例 9-2】 利用带参函数的宏定义计算并输出两个数中的最大值。

```
# include <stdio.h>
# define MAX(a,b) (a>b)? a:b          //宏定义
int main()
{
    int x,y,max;
    printf("请输入两个数:");
    scanf("%d%d",&x,&y);
    max=MAX(x,y);                      //宏调用,实参 x,y 将分别替换形参 a,b
    printf("max= %d\n",max);
    return 0;
}
```

程序输入及程序运行结果:

请输入两个数:3 5↙

关于带参宏定义几点说明:

①带参宏定义中,宏名和形参表之间不能有空格出现。

例如:

♯define MAX(a,b) (a>b)? a:b

②在带参宏定义中,形式参数不分配内存单元,因此不必做类型定义。而宏调用中的实参有具体的值,要用它们去替换形参,因此必须做类型说明。

③在宏定义中的形参是标识符,而宏调用中的实参可以是表达式。

【例 9-3】 带参宏的定义与调用。

```
# include <stdio.h>
# define SQ(y) (y) * (y)
```

```
int main( )
{
    int a,sq;
    printf("请输入一个数:");
    scanf("%d",&a);
    sq=SQ(a+1);
    printf("sq=%d\n",sq);
    return 0;
}
```

程序输入及程序运行结果：

请输入一个数:5↙

```
请输入一个数:5
sq=36
Press any key to continue_
```

④在宏定义中，字符串内的形参通常要用括号括起来以避免出错。

⑤带参宏和带参函数很相似，但有本质上的不同。

【例 9-4】 分析以下程序的运行结果。

```
#include <stdio.h>
int GC(int y)
{
    return((y)*(y));
}
int main()
{
    int i=1;
    while(i<=5)
        printf("%d\t",GC(i++));
    return 0;
}
```

程序运行结果：

```
1
4
9
16
25
Press any key to continue_
```

【例 9-5】 对比【例 9-4】带参宏和带参函数的宏定义在使用上的区别。

```
#include <stdio.h>
#define GC(y) ((y)*(y))
int main()
{
    int i=1;
    while(i<=5)
```

```
        printf(" % d\n",GC(i++));
    return 0;
}
```

程序运行结果:

```
1
9
25
Press any key to continue
```

⑥宏定义也可用来定义多个语句,在宏调用时,把这些语句又代换到源程序内。

【例 9-6】 利用带参数的宏定义,实现对多个变量赋值的操作。

```
#include<stdio.h>
#define GC(s1,s2,s3,v) s1=l*w;s2=l*h;s3=w*h;v=w*l*h;
int main( )
{
    int l=3,w=4,h=5,aa,bb,cc,dd;
    GC(aa,bb,cc,dd);
    printf("aa= % d\nbb= % d\ncc= % d\ndd= % d\n",aa,bb,cc,dd);
    return 0;
}
```

程序运行结果:

```
aa=12
bb=15
cc=20
dd=60
Press any key to continue
```

9.2 文件包含

文件包含的功能是把指定的文件插入命令行位置以取代该命令行,从而把指定的文件和当前的源程序文件连成一个源文件,即在一个文件中将另一个文件的全部内容包含进来。

文件包含命令的一般形式如下:

#define<文件名>

或

#define"文件名"

其中,#define 是关键字,文件名指要包含进来的程序文件的名称,故称为头文件(在前面的知识点例题程序中已多次使用此命令包含库函数的头文件)。

包含命令中的文件名可以用双引号括起来,也可以用尖括号括起来。使用尖括号表示在包含文件目录中去查找(包含目录是由用户在设置环境时设置的),而不在源文件目录中去查找;使用双引号则表示首先在当前的源文件目录中查找,若未找到才到包含目录中去查找。用户编程时可根据自己文件所在的目录来选择某一种命令形式。

在程序设计中,文件包含是很有用的。一个大的程序可以分为多个模块,由多个程序员分别编程。有些公用的符号常量或宏定义等可单独组成一个文件,在其他文件的开头用包含命令包含该文件即可使用。这样,可避免在每个文件开头都去书写那些公用量,从而节省时间,并减少出错。

【例 9-7】 用数学函数求一个整数的开方。

```
#include<stdio.h>
#include<math.h>
void main()
{
    int a;
    printf("请输入一个整数:");
    scanf("%d",&a);
    printf("%.2f\n",sqrt(a));
}
```

程序输入及程序运行结果:

请输入一个整数:9↙

```
请输入一个是整数:9
3.00
Press any key to continue_
```

关于文件包含的几点说明:

①一个 include 命令只能指定一个被包含文件,若有多个文件要包含,则需用多个 include 命令。

②文件包含允许嵌套,即在一个被包含的文件中又可以包含另一个文件。

9.3 条件编译

C 语言的预处理程序还提供了条件编译的功能。可以按不同的条件去编译不同的程序部分,因而生成不同的目标文件,这对于程序的移植和调试都是很有用的。条件编译有以下三种形式:

1. 第一种形式

```
#ifdef 标识符
    程序段 1
#else
    程序段 2
#endif
```

功能:若标识符已被 #define 命令定义过,则对程序段 1 进行编译,否则对程序段 2 进行编译。如果没有程序段 2(为空),那么本格式中的 #else 也可以没有,即可以写为如下形式:

```
#ifdef 标识符
    程序段
```

```
#endif
```

【例 9-8】　条件编译第一种形式引用举例。

```
#include<stdio.h>
#define PASSWORD 1
void main()
{
    char c;
    c=getchar();
    if(c>='A'&&c<='Z')
#ifdef PASSWORD
        c=c+1;
    if(c>'Z')
        c=c+26;
#else
    c=c+32;
#endif
    printf("%c\n",c);
}
```

程序输入及程序运行结果：

E↙

```
E
F
Press any key to continue
```

●知识小贴士

　　【例 9-8】程序中标识符 PASSWORD 是经过 #define 定义的标识符,所以在编译 c=c+1 时,将输入的大写字母"E"的 ASCII 值加 1 后加密输出"F"。如果 PASSWORD 没有定义,则执行 c=c+32,将输入的大写字母"E"转换成小写字母"e"输出。

2. 第二种形式

```
#ifndef 标识符
    程序段 1
#else
    程序段 2
#endif
```

功能:如果标识符未被 #define 命令定义过,则对程序段 1 进行编译,否则对程序段 2 进行编译。这与第一种形式的功能正好相反。

3. 第三种形式

```
#if 常量表达式
```

```
    程序段 1
#else
    程序段 2
#endif
```

功能:如常量表达式的值为真(非 0),则对程序段 1 进行编译,否则对程序段 2 进行编译。因此可以使程序在不同条件下,完成不同的功能。

【例 9-9】 输入一个数字,根据需要设置条件编译,输出以该数字为半径的圆的面积或以该数字为边长的正方形的面积。

```
#include <stdio.h>
#define R 1
int main( )
{
    float c,r,s;
    printf ("请输入一个数:");
    scanf("%f",&c);
    #if R
        r=3.14159*c*c;
        printf("圆的面积为:%.2f\n",r);
    #else
        s=c*c;
        printf("正方形的面积为:%.2f\n",s);
    #endif
    return 0;
}
```

程序输入及程序运行结果:

请输入一个数:5↙

```
请输入一个数: 5
圆的面积为: 78.54
Press any key to continue_
```

●知识小贴士●

【例 9-9】采用的是第三种条件编译形式,在程序的宏定义中 R 为 1,因此在条件编译时常量表达式的值为真,故计算并输出圆的面积。

9.4 综合实例

【例 9-10】 #ifdef 和 #ifndef 的应用。

```
#include<stdio.h>
```

```c
#define MAX
#define MAXNUM(x,y)(x>y)? x:y
#define MINNUM(x,y)(x>y)? y:x
void main()
{
    int a=2018,b=2019;
#ifdef MAX
    printf("较大数为:%d\n",MAXNUM(a,b));
#else
    printf("较大数为:%d\n",MINNUM(a,b));
#endif
#ifndef MIN
    printf("较大数为:%d\n",MINNUM(a,b));
#else
    printf("较大数为:%d\n",MAXNUM(a,b));
#endif
#undef MAX
#ifdef MAX
    printf("较大数为:%d\n",MAXNUM(a,b));
#else
    printf("较大数为:%d\n",MINNUM(a,b));
#endif
#define MIN
#ifndef MIN
    printf("较大数为:%d\n",MINNUM(a,b));
#else
    printf("较大数为:%d\n",MAXNUM(a,b));
#endif
}
```

程序运行结果：

```
较大数为:2019
较大数为:2018
较大数为:2018
较大数为:2019
Press any key to continue_
```

9.5 本章小结

编译预处理是 C 语言特有的功能，它是指源程序正式编译前由预处理程序完成的处理工作。程序员在程序中用预处理命令来调用这些功能。宏定义是用一个标识符来表示一个字符串，这个字符串可以是常量、变量或表达式，在宏调用中用该字符串代换宏名。

宏定义可以带有参数,宏调用时是以实参代换形参,而不是值传送。为了避免宏代换时发生错误,宏定义中的字符串应加括号,字符串中出现的形式参数两边也应加括号。文件包含是预处理的一个重要功能,它可用来把多个源文件连接成一个源文件进行编译,结果将生成一个目标文件。

条件编译只允许编译源程序中满足条件的程序段,使生成的目标程序较短,从而减少了内存的开销并提高了程序效率。使用预处理功能便于程序的修改、阅读、移植和调试,也便于实现模块化程序设计。

9.6 习题练习

一、选择题

1.以下说法不正确的是(　　)。

A.预处理命令行都必须以#开始

B.在程序中凡是以#开始的语句行都是预处理命令

C.C语言程序在执行过程中对预处理命令行进行处理

D.“#define IBC_PC”是正确的宏定义

2.以下选项正确的是(　　)。

A.在程序的一行上可以出现多个有效的预处理命令行

B.使用带参的宏时,参数的类型应与宏定义时的一致

C.宏替换不占用运行时间,只占用编译时间

D.在定义“#define CR 045”中 CR 是称为宏名符标识符

3.若有以下宏定义:

#define N 2

#define Y(n) ((N+1)*n)

则执行语句“Z=2*(N+Y(5));”后的结果是(　　)。

A.语句有误　　　　　B.Z=34　　　　　　C.Z=70　　　　　　D.Z 无定值

4.若有宏定义“#define MOD(x,y) x%y”,则执行以下语句后的输出为(　　)。

```
int z,a=15,b=100;
z=mod(b,a);
printf("%d\n",z++);
```

A.11　　　　　　　　B.10　　　　　　　　C.6　　　　　　　　D.宏定义不合法

5.以下程序运行后的输出结果是(　　)。

```
#include<stdio.h>
#define MIN(x,y) (x)<(y)? (x):(y)
void main()
{
    int i,j,k;
    i=10,j=15,k=10*MIN(i,j);
```

```
        printf(" %d\n",k);
}
```

A. 15   B. 100   C. 10   D. 150

6. 有以下程序：

```
#include<stdio.h>
#define N 2
#define M N+1
#define NUM (M+1)*M/2
void main()
{
    int i;
    for(i=1;i<=NUM;i++);
        printf(" %d\n",i);
}
```

程序中的 for 循环执行的次数是：

7. 以下程序的运行结果是(   )。

```
#include<stdio.h>
#define ADD(x)x+x
void main()
{
    int m=1,n=2,k=3;
    int sum=ADD(m+n)*k;
    printf("sum= %d\n",sum);
}
```

A. sum=9   B. sum=10   C. sum=12   D. sum=18

8. 以下程序运行后的输出结果是(   )。

```
#define MAX(A,B) (A)>(B)? (A):(B)
#define PRINT(Y) printf("Y= %d\n",Y)
void main()
{
    int a=1,b=2,c=3,d=4,t;
    t=MAX(a+b,c+d);
    PRINT(t);
}
```

A. y=3   B. Y=3   C. Y=7   D. Y=0

9. 以下程序运行后的输出结果是(   )。

```
#include<stdio.h>
#define MUL(x,y) (x)*y
void main()
{
    int a=3,b=4,c;
```

```
    c=MUL(a++,b++);
    printf("%d\n",c);
}
```

A. 12   B. 15   C. 20   D. 16

10. 以下程序运行后的输出结果是（   ）。

```
#include<stdio.h>
#define PT 5.5
#define S(x) PT*x*x
void main()
{
    int a=1,b=2;
    printf("%4.1f\n",S(a+b));
}
```

A. 12.0   B. 9.5   C. 12.5   D. 33.5

二、阅读分析程序

1. 程序代码：

```
#include<stdio.h>
#define PR(ar) printf("ar=%d\n",ar)
void main()
{
    int j,a[]={1,3,5,7,9,11,13,15},*p=a+5;
    for(j=3;j;j--)
        switch(j)
        {
        case 1:
        case 2:PR(*p++);break;
        case 3:PR(*(--p));
        }
}
```

程序运行结果：_____

2. 程序代码：

```
#include<stdio.h>
#define N 10
#define S(x) x*x
#define F(x) (x*x)
void main()
{
    int i1,i2;
    i1=1000/S(N);
    i2=1000/F(N);
    printf("%d,%d\n",i1,i2);
}
```

程序运行结果：_____

3.程序代码：

```
#include<stdio.h>
#define MAX(x,y) (x)<(y)? (x):(y)
void main()
{
    int a=5,b=2,c=3,d=3,t;
    t=MAX(a+b,c+d)*10;
    printf("%d\n",t);
}
```

程序运行结果：_____

4.程序代码：

```
#include<stdio.h>
#define LETTER 0
void main()
{
    char str[20]="C Language",c;
    int i=0;
    while((c=str[i])! ='\0')
    {
#if LETTER
        if(c>='a'&&c<='z') c=c-32;
#else
        if(c>='a'&&c<='z') c=c-32;
#endif
        i++;
        printf("%c",c);
    }
    printf("\n");
}
```

程序运行结果：_____

5.程序代码：

```
#include<stdio.h>
#define M 3
#define N (M+1)
#define NN N*N/2
void main()
{
    printf("%d\n",5*NN);
}
```

程序运行结果：_____

三、程序设计题

1.编写一个程序,求 3 个数中的最大值,要求用带参数的宏来实现。

2.编写一个程序,求 1＋2＋…＋n 之和,要求用带参数的宏来实现。

附录 A　常用字符与 ASCII 码对照表

ASCII值 10进制	16进制	控制字符	ASCII值 10进制	16进制	字符	ASCII值 10进制	16进制	字符	ASCII值 10进制	16进制	字符	ASCII值 10进制	16进制	字符	ASCII值 10进制	16进制	字符	ASCII值 10进制	16进制	字符	ASCII值 10进制	16进制	字符
0	0	空	32	20	空格	64	40	@	96	60	`	128	80	Ç	160	a0	á	192	c0	└	224	e0	α
1	1	头标开始	33	21	!	65	41	A	97	61	a	129	81	ü	161	a1	í	193	c1	┴	225	e1	ß
2	2	正文开始	34	22	"	66	42	B	98	62	b	130	82	é	162	a2	ó	194	c2	┬	226	e2	Γ
3	3	正文结束	35	23	#	67	43	C	99	63	c	131	83	â	163	a3	ú	195	c3	├	227	e3	π
4	4	传输结束	36	24	$	68	44	D	100	64	d	132	84	ä	164	a4	ñ	196	c4	─	228	e4	Σ
5	5	查询	37	25	%	69	45	E	101	65	e	133	85	à	165	a5	Ñ	197	c5	┼	229	e5	σ
6	6	确认	38	26	&	70	46	F	102	66	f	134	86	å	166	a6	ª	198	c6	╞	230	e6	µ
7	7	响铃	39	27	'	71	47	G	103	67	g	135	87	ç	167	a7	º	199	c7	╟	231	e7	τ
8	8	backspace	40	28	(	72	48	H	104	68	h	136	88	ê	168	a8	¿	200	c8	╚	232	e8	Φ
9	9	水平制表符	41	29	)	73	49	I	105	69	i	137	89	ë	169	a9	⌐	201	c9	╔	233	e9	Θ
10	a	换行/新行	42	2a	*	74	4a	J	106	6a	j	138	8a	è	170	aa	¬	202	ca	╩	234	ea	Ω
11	b	竖直制表符	43	2b	+	75	4b	K	107	6b	k	139	8b	ï	171	ab	½	203	cb	╦	235	eb	δ
12	c	换页/新页	44	2c	,	76	4c	L	108	6c	l	140	8c	î	172	ac	¼	204	cc	╠	236	ec	∞
13	d	回车	45	2d	-	77	4d	M	109	6d	m	141	8d	ì	173	ad	¡	205	cd	═	237	ed	φ
14	e	移出	46	2e	.	78	4e	N	110	6e	n	142	8e	Ä	174	ae	«	206	ce	╬	238	ee	ε
15	f	移入	47	2f	/	79	4f	O	111	6f	o	143	8f	Å	175	af	»	207	cf	╧	239	ef	∩
16	10	数据链路转意	48	30	0	80	50	P	112	70	p	144	90	É	176	b0	░	208	d0	╨	240	f0	≡
17	11	设备控制1	49	31	1	81	51	Q	113	71	q	145	91	æ	177	b1	▒	209	d1	╤	241	f1	±
18	12	设备控制2	50	32	2	82	52	R	114	72	r	146	92	Æ	178	b2	▓	210	d2	╥	242	f2	≥
19	13	设备控制3	51	33	3	83	53	S	115	73	s	147	93	ô	179	b3	│	211	d3	╙	243	f3	≤
20	14	设备控制4	52	34	4	84	54	T	116	74	t	148	94	ö	180	b4	┤	212	d4	╘	244	f4	⌠
21	15	反确认	53	35	5	85	55	U	117	75	u	149	95	ò	181	b5	╡	213	d5	╒	245	f5	⌡
22	16	同步空闲	54	36	6	86	56	V	118	76	v	150	96	û	182	b6	╢	214	d6	╓	246	f6	÷
23	17	传输块结束	55	37	7	87	57	W	119	77	w	151	97	ù	183	b7	╖	215	d7	╫	247	f7	≈
24	18	取消	56	38	8	88	58	X	120	78	x	152	98	ÿ	184	b8	╕	216	d8	╪	248	f8	°
25	19	媒体结束	57	39	9	89	59	Y	121	79	y	153	99	Ö	185	b9	╣	217	d9	┘	249	f9	∙
26	1a	替换	58	3a	:	90	5a	Z	122	7a	z	154	9a	Ü	186	ba	║	218	da	┌	250	fa	·
27	1b	转意	59	3b	;	91	5b	[	123	7b	{	155	9b	¢	187	bb	╗	219	db	█	251	fb	√
28	1c	文件分隔符	60	3c	<	92	5c	\	124	7c	|	156	9c	£	188	bc	╝	220	dc	▄	252	fc	ⁿ
29	1d	组分隔符	61	3d	=	93	5d	]	125	7d	}	157	9d	¥	189	bd	╜	221	dd	▌	253	fd	²
30	1e	记录分隔符	62	3e	>	94	5e	^	126	7e	~	158	9e	Pts	190	be	╛	222	de	▐	254	fe	■
31	1f	单元分隔符	63	3f	?	95	5f	_	127	7f		159	9f	ƒ	191	bf	┐	223	df	▀	255	ff	

附录 B C 语言关键字

关 键 字	用 途	说 明
char		字符型,数据占一个字节
short		短整型
int		整型
long		长整型
float	数	单精度浮点型
double		双精度浮点型
void	据	空类型,用它定义的对象不具有任何值
unsigned		无符号类型,最高位不做符号位
signed	类	有符号类型,最高位作符号位
struct		用于定义结构体类型的关键字
union	型	用于定义共用体类型的关键字
enum		定义枚举类型的关键字
const		表明这个量在程序执行过程中不变
volatile		表明这个量在程序执行过程中可被隐含地改变
FILE		文件型
typedef		用于定义同义数据类型
static	存	静态变量
auto	储	自动变量
extern	类 别	外部变量声明,外部函数声明
register		寄存器变量
if		语句的条件部分
else		指明条件不成立时执行的部分
for		用于构成 for 循环结构
while	流	用于构成 while 循环结构
do		用于构成 do-while 循环结构
switch	程	用于构成多分支选择
case		用于表示多分支中的一个分支
default	控	在多分支中表示其余情况
break		退出直接包含它的循环或 switch 语句
continue	制	跳到一下轮循环
return		返回到调用函数
goto		转移到标号指定的地方
sizeof	运算符	计算数据类型或变量在内存中所占的字节数

附录C　运算符的优先级和结合性

优先级	类型	运算符	描述	结合方向	例子
1		( ) [ ] . ->	小括号 下标 通过变量访问成员 通过指针访问成员	自左至右	$(x + y) * d$ $a[i]$ stud. name $p->name$
2	单目	! ~ ++ -- - + （类型） * & sizeof	逻辑非 按位取反 自增,位于变量左侧 自减,位于变量左侧 负 正 强制类型转换 指向 取地址 求数据类型长度	自右至左	! p $~x$ $++i$ $--i$ $-x$ $+x$ $(double)(x + y)$ $x= *p; x= *++p$ $p=&x$ $len=sizeof(int)$
3	双目	* / %	乘 除 求余数	自左至右	$x * y$ x/y $x\%y$
4	双目	+ -	加 减	自左至右	$x+y$ $x-y$
5	双目	<< >>	位左移 位右移	自左至右	$x<<2$ $x>>2$
6	双目	> >= < <=	大于 大于等于 小于 小于等于	自左至右	$f(x>y) \ max=x;$
7	双目	== ! =	等于 不等	自左至右	$if(x== y) \ i++;$ $if(x ! = y) \ i--;$
8	双目	&	按位与	自左至右	$z = x & y;$
9	双目	∧	按位异或	自左至右	$z = x ∧ y;$
10	双目	|	按位或	自左至右	$z = x \| y;$
11	双目	&&	逻辑与	自左至右	$if(x >='a' && x <= 'z')$

（续表）

优先级	类型	运算符	描述	结合方向	例子
12	双目	||	逻辑或	自左至右	$if(x > 10) \| \| x < -5)$
13	三目	?:	条件运算	自右至左	$max = (x > y) ? x : y;$
14	双目	= *= /= %= += -= <<= >>= &= |= ^=	赋值	自右至左	$x = 2 + 3;$ $s += i;$
15	单目	++ --	自增,位于变量右侧 自减,位于变量右侧	自左至右	$i++ - 5; \quad x = *p++;$ $i-- + 3; \quad x = *p--;$
16	顺序	,	逗号	自左至右	$for(i = 0, s = 0;$ $i < n; s += i, i++)$

知识小贴士 ● ● ● ● ● ● ● ● ● ● ● ● ● ●

①C 语言的运算符共有 16 个优先级,同级的运算符,按结合的次序运算。

②优先级最高的是小括号( ),数组下标[ ],通过变量访问结构成员运算符"."以及通过指针访问结构成员运算符"—＞"。

③优先级最低的是逗号运算符。

④＋＋(－－)在变量右侧时,优先级是很低的,仅比逗号运算符高,称为先用后加。如 z＝x＋y＋＋,先把 y 原来的值与 x 相加,给 z 赋值,然后 y 再自加 1。

⑤本书提倡尽量用小括号确定运算的先后顺序。

附录 D　常用的 C 库函数

1. 数学函数

使用数学函数时,应包含头文件:math.h。

函数名	格　式	功　能	说　明
acos	double acos(double x)	求 $\cos^{-1}(x)$ 的值	$x \in [-1,1]$
asin	double asin(double x)	求 $\sin^{-1}(x)$ 的值	$x \in [-1,1]$
atan	double atan(double x)	求 $\tan^{-1}(x)$ 的值	
cos	double cos(double x)	求 $\cos(x)$ 的值	
cosh	double cosh(double x)	求双曲余弦 $\cosh(x)$ 的值	x 是弧度
exp	double exp(double x)	求 e^x 的值	
fabs	double fabs(double x)	求 x 的绝对值	
floor	double floor(double x)	求不大于 x 的最大整数	
fmod	double fmod(double x,double y)	求 x/y 整数商之后的余数	
frexp	double frexp(double val, int * p)	把双精度数 val 分解为小数 x 和 2 的 n 次方,即 $val = x * 2^n$,n 存放在 p 指向的单元中	返回值是小数 x
log	double log(double x)	求 $\log_e x$ 即 $\ln(x)$	
log10	double log10(double x)	求 $\log_{10} x$	
pow	double pow(double x, double y)	求 x^y	
sin	double sin(double x)	求 $\sin(x)$ 的值	x 是弧度
sinh	double sinh(double x)	求双曲正弦 $\sinh(x)$ 的值	
sqrt	double sqrt(double x)	求 $\sqrt{x}$	$x \geqslant 0$
tan	double tan(double x)	求 $\tan(x)$ 的值	x 是弧度
tanh	double tanh(double x)	求双曲正切 $\tanh(x)$ 的值	

2. 字符串函数

使用字符串函数时,应包含头文件:string.h。

函数名	格　式	功　能	说　明
strcat	char * strcat(char * s1,char * s2)	把字符串 s2 接到字符串 s1 后面,s1 后面的符号'\0'被删除	返回 s1

（续表）

函数名	格 式	功 能	说 明
strchr	char * strchr(char * s,char ch)	找出 s 指向的字符串中第 1 次出现 ch 的位置	返回指向该位置的指针，若找不到，则返回空指针
strcmp	int strcmp（char * s1,char * s2)	比较字符串 s1 与 s2 的大小	若 s1<s2 返回负数 若 s1==s2 返回 0 若 s1>s2 返回正数
strcpy	char * strcpy(char * s1,char * s2)	把 s2 指向的字符串拷贝到 s1 字符数组中	返回 s1
strlen	unsigned int strlen(char * s)	求字符串 s 的长度	返回字符串长度
strstr	char * strstr（char * s1,char * s2)	找出字符串 s2 在 s1 中第 1 次出现的位置	返回该位置的指针。如果找不到，则返回空指针。

3. 输入/输出函数

使用输入/输出函数时，应包含头文件：stdio. h 和 conio. h。

函数名	格 式	功 能	说 明
clearer	voidclearer(FILE * fp)	清除文件出错标志和文件结束标志删除	调用该函数后，ferror 及 eof 函数都将返回 0
close	int close(int fp)	关闭文件	关闭成功返回 0,不成功返回－1
creat	int creat(char * filename, int mode)	以 mode 指定的方式建立文件	成功返回正数,否则返回－1
feof	int feof(int fp)	检测文件结束	文件结束返回 1,文件未结束返回 0
fclose	int fclose(FILE * fp)	关闭文件	关闭成功返回 0,不成功返回－1
ferror	int ferror(FILE * fp)	检测 fp 指向的文件读写错误	返回 0 表示读写文件不出错,返回非 0 表示读写文件出错
fgetc	int fgetc(FILE * fp)	从 fp 指定的文件中取得下一个字符	成功返回 0,出错或遇文件结束返回 EOF
fgets	int fgets(char * buf ,int n, FILE * fp)	从 fp 指定的文件中读取 n－1 个字符(遇换行符中止)存入起始地址为 buf 的空间,并补充字符串结束符	成功返回地址 buf,出错或遇文件结束返回空
fopen	FILE * fopen （ char * filename, char * mode)	以 mode 指定的方式打开文件	成功返回一个新的文件指针,否则返回 0

（续表）

函数名	格 式	功 能	说 明
fprintf	int fprintf(FILE * fp, char * format, args, …)	把 args 的值以 format 指定的格式输出到 fp 指向的文件	返回实际输出的字符数
fputc	int fputc(char ch, FILE * fp)	把字符 ch 输出到 fp 指向的文件	成功返回该字符,否则返回 EOF
fputs	int fputs(char * s, FILE * fp)	把 s 指向的字符串输出到 fp 指向的文件,不加换行符,不拷贝空字符	成功返回 0,否则返回 EOF
fread	int fread(char * buf, unsigned size, unsigned n, FILE * fp)	从 fp 所指向的文件中读取长度为 size 的 n 个数据项,存到 buf 所指向的空间	成功返回所读的数据项个数(不是字节数),如出错返回 0
fscanf	int fscanf(FILE * fp, char * format, args, …)	从 fp 指向的文件中按 format 指定的格式把输入数据送到 args 指向的空间中	返回实际输入的数据个数
fseek	int fseek(FILE * fp, longoffset, int base)	把 fp 指向的文件的位置指针移到以 base 为基准,以 offset 为位移量的位置	成功返回 0,否则返回非 0
ftell	long ftell(FILE * fp)	返回 fp 指向的文件的读写位置	返回值为当前的读写位置距离文件起始位置的字节数
write	int fwrite(char * buf, unsigned size, unsigned n, FILE * fp)	把 buf 指向的空间中的 n * size 个字节输出到 fp 所指向的文件	返回实际输出的数据项个数
getc	int getc(FILE * fp)	从 fp 指向的文件中读一个字符	返回所读的字符,若文件结束或出错则返回 EOF
getchar	int getchar( )	从标准输入流中读一个字符	返回所读字符,遇文件结束符^z 或出错返回 EOF
gets	char * gets(char * s)	从标准输入流中读一个字符串,放入 s 指向的字符数组中。	成功返回地址 s,失败返回 NULL
getw	int getw(FILE * fp)	从 fp 指向的文件中读一个整数(即一个字)	返回读取的整数,出错返回 EOF
open	int open(char * filename, int mode)	以 mode 指出的方式打开已存在的文件	返回文件号,出错返回 −1

(续表)

函数名	格 式	功 能	说 明
printf	int printf(char * format,args,…)	把输出列表 args 的值按 format 中的格式输出	返回输出的字符个数,出错返回负数
putc	int putc(int ch, FILE * fp)	把一个字符输出到 fp 指向的文件中。	返回输出的字符 ch,出错返回 EOF
putchar	int putchar(char ch)	把字符 ch 输出到标准输出设备	返回输出的字符 ch,出错返回 EOF
puts	int puts(char * s)	把 s 指向的字符串输出到标准输出设备,并加上换行符	返回字符串结束符符号错误,出错返回 EOF
putw	int putw(int w,FILE * fp)	把一个整数(即一个字)以二进制方式输出到 fp 指向的文件中	返回输入的整数,出错返回 EOF
read	int read (int handle, char * buf, unsigned n)	从 Handle 标识的文件中读 n 个字节到由 buf 指向的存储空间中	返回实际读的字节数。遇文件结束返回 0,出错返回 EOF
rename	int rename (char * oldname, char * newname)	把由 oldname 指向的文件名,改为由 newname 指向的文件名	成功返改为"回"字 0,出错返回—1
rewind	void rewind(FILE * fp)	把 fp 指向的文件的位置指针置于文件开始位置(0)。清除文件出错标志和文件结束标志	
scanf	int scanf(char * format,args,…)	从标准输入缓冲区中按 format 中的格式输入数据到 args 所指向的单元中	返回输入的数据个数,遇文件结束符返回 EOF,出错返回 0
write	int write(int handle, char * buf,int n)	从 buf 指向的存储空间输出 n 个字节到 Handle 标识的文件中	返回实际输出的字节数,出错返回—1

4. 动态存储分配函数

使用动态存储分配函数时,应包含头文件:stdlib.h。

函数名	格 式	功 能	说 明
calloc	void * calloc(unsigned n, unsigned size)	分配 n 个数据项的内存连续空间,每个数据项的大小为 size 字节	成功返回分配内存单元的起始地址,不成功返回 0
free	void free(void * p)	释放 p 指向的内存区	
malloc	void * malloc(unsigned n)	分配 n 个字节的存储区	成功返回分配内存单元的起始地址,不成功返回 0
realloc	void * realloc(void * p, unsigned n)	把 p 指向的已分配的内存区的大小改为 n 字节	返回新的内存区地址

5. 其他函数

使用其他函数时应包含头文件：stdlib. h

函数名	格　式	功　能	说　明
abs	int abs(int num)	求整数 num 的绝对值	返回 num 的绝对值
atof	double atof(char * s)	把 s 指向的字符串转换成一个 double 数	返回转换成的 double 数
atoi	int atoi(char * s)	把 s 指向的字符串转换成一个 int 数	返回转换成的 int 数
atol	int atol(char * s)	把 s 指向的字符串转换成一个 long 数	返回转换成的 long 数
exit	void exit(int status)	使程序立即正常终止，status 传给调用程序	
rand	int rand( )	返回一个 0 到 RAND_MAX 之间的随机整数，RAND_MAX 是在头文件 stdlib. h 中定义的	用法请参考例 11.4

附录 E　VC++6.0中 C 语言编程的常见错误

常见错误提示	中文解释	错误原因分析及解决方法
fatal error C1083：Cannot open include file：′……′：No such file or directory	不能打开包含文件′……′：没有这样的文件或目录	查看 include 所包含的文件名是否存在
fatal error C1004：unexpected end of file found	发现文件结尾异常	一般是"{"与"}"不配对
error C2018：unknown character ′0x＊＊′	不认识的字符′0x＊＊′	一般是输入了汉字或中文标点符号。修改即可
error C2065：′＊＊＊′：undeclared identifier	未声明过的标识符′＊＊＊′	标识符′＊＊＊′还没有定义就使用。补充定义即可
error C2059：syntax error：′＊＊＊′	′＊＊＊′语法错误	一般是′＊＊＊′标识符附近的语法问题,如不匹配
error C2143：syntax error：missing ′;′ before ′{′	语法错误:′{′前缺少′;′	加上分号";"即可
error C2146：syntax error：missing ′;′ before identifier ′＊＊＊′	语法错误:在标识符′＊＊＊′前缺少′;′	加上分号";"即可
error C2143：syntax error：missing ′;′ before ′type′	类型前面缺少′;′	在函数中途定义变量引起的。把定义放到函数开始处即可
local variable ′＊＊＊′ used without having been initialized	局部变量′＊＊＊′未被初始化就已经使用	进行初始化,给变量赋一个初值即可
error C2057：expected constant expression	希望是常量表达式	该错误一般出现在 switch 语句的 case 分支中。case 后改为常量表达式即可
error LNK2001：unresolved external symbol _＊＊＊	未解决的外部符号 _＊＊＊	一般是 main 函数名写错
error C2046：illegal case	非法的 case	case 位置在 switch 语句外
error C2043：illegal break	非法的 break	break 位置在 switch 语句外
error C2100：illegal indirection	非法的间接引用	一般是指针定义出问题
error C2198：′max′：too few actual parameters	实参个数太少	实参个数应与形参个数相等
error LNK2005：_main already defined in ＊＊＊.obj	主函数已经在＊＊＊.obj 文件中定义了	一个工作空区的文件中含多个 main

参考文献

[1]谭浩强.C程序设计教程[M].第三版.北京:清华大学出版社,2018.

[2]李梦阳,张春飞.C语言程序设计[M].上海:上海交通大学出版社,2013.

[3]赵凤芝.C语言程序设计能力教程[M].2版.北京:中国铁道出版社,2011.

[4]传智播客高教产品研发部.C语言程序设计教程[M].北京:中国铁道出版社,2015.

[5]衡军山,邵军.C语言程序设计基础[M].北京:航空工业出版社,2017.

[6]李东明,张丽娟,王明泉.C语言程序设计[M].武汉:华中科技大学出版社,2016.